国家基本职业培训包（指南包 课程包）

电梯安装维修工

（试行）

人力资源社会保障部职业能力建设司编制

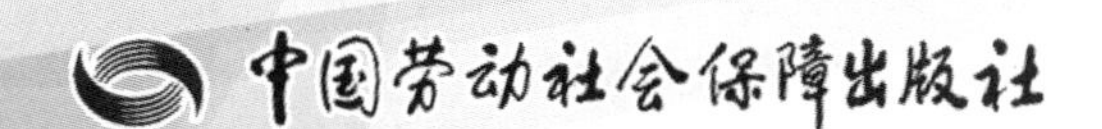

图书在版编目（CIP）数据

电梯安装维修工：试行 / 人力资源社会保障部职业能力建设司编制. -- 北京：中国劳动社会保障出版社，2020

国家基本职业培训包：指南包　课程包

ISBN 978－7－5167－4304－1

Ⅰ.①电…　Ⅱ.①人…　Ⅲ.①电梯－安装－职业培训－教学参考资料②电梯－维修－职业培训－教学参考资料　Ⅳ.①TU857

中国版本图书馆 CIP 数据核字（2020）第 031989 号

中国劳动社会保障出版社出版发行

（北京市惠新东街 1 号　邮政编码：100029）

*

三河市华骏印务包装有限公司印刷装订　新华书店经销

880 毫米 ×1230 毫米　16 开本　12 印张　210 千字

2020 年 3 月第 1 版　2021 年 8 月第 2 次印刷

定价：39.00 元

读者服务部电话：（010）64929211/84209101/64921644

营销中心电话：（010）64962347

出版社网址：http://www.class.com.cn

编制说明

为贯彻落实《中华人民共和国国民经济和社会发展第十三个五年规划纲要》提出的“实行国家基本职业培训包制度”的要求，大力推行终身职业技能培训制度，推进实施职业技能提升行动，按照《人力资源社会保障部办公厅关于推进职业培训包工作的通知》(人社厅发〔2016〕162号)的工作安排，“十三五”期间，组织开发培训需求量大的100个左右国家基本职业培训包，指导开发100个左右地方（行业）特色职业培训包，到“十三五”末，力争全面建立国家基本职业培训包制度，普遍应用职业培训包开展各类职业培训。

职业培训包开发工作是新时期职业培训领域的一项重要基础性工作，旨在形成以综合职业能力培养为核心、以技能水平评价为导向，实现职业培训全过程管理的职业技能培训体系，这对于进一步提高培训质量，加强职业培训规范化、科学化管理，促进职业培训与就业需求的有效衔接，推行终身职业培训制度具有积极的作用。

国家基本职业培训包是集培养目标、培训要求、培训内容、课程规范、考核大纲、教学资源等为一体的职业培训资源总和，是职业培训机构对劳动者开展政府补贴职业培训服务的工作规范和指南。国家基本职业培训包由指南包、课程包和资源包三个子包构成，三个子包各含有相应培训内容与教学资源。

在征求各地培训需求的基础上，经调研论证，人力资源社会保障部组织有关行业专家编制了首批中式烹调师等10个职业（工种）的国家基本职业培训包（指南包 课程包），并于2017年10月印发施行。

在首批中式烹调师等10个职业（工种）国家基本职业培训包编制的基础上，2018年11月，人力资源社会保障部继续组织有关行业专家开展第二批电工等15个职业（工种）的国家基本职业培训包（指南包 课程包）的编制工作。

此次编制的电工等15个职业（工种）的国家基本职业培训包遵循《职业培训包开发技术规程（试行）》的要求，依据国家职业技能标准和企业岗位技术规范，结合新经济、新产业、新职业发展编制，力求客观反映现阶段本职业（工种）的技术水平、对从业人员的要求和职业培训教学规律。

《国家基本职业培训包（指南包 课程包）——电梯安装维修工（试行）》是上海市电梯行业协会受人力资源社会保障部职业能力建设司委托，会同上海市电梯培训中心组织有关专家共同编制完成的。参加编写的主要人员有支锡凤、童素平、丁毅敏、王志平、梁东明、蒋颖、杨玥，参加审定的主要人员有刑东生、宋永光、辛建国、张维德、史熙、潘国强、李申、卢峰、张智敏、朱武标、程晓东、韩霁，在编制过程中得到了业内许多单位的大力支持，在此一并致谢。

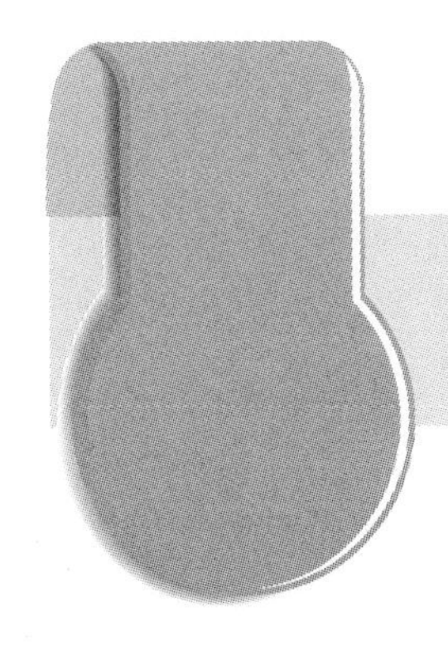

目 录

1 指 南 包

2 课 程 包

附录 培训要求与课程规范对照表

1

指南包

1.1 职业培训包使用指南

1.1.1 职业培训包结构与内容

电梯安装维修工职业培训包由指南包、课程包、资源包三个子包构成，结构如图 1 所示。

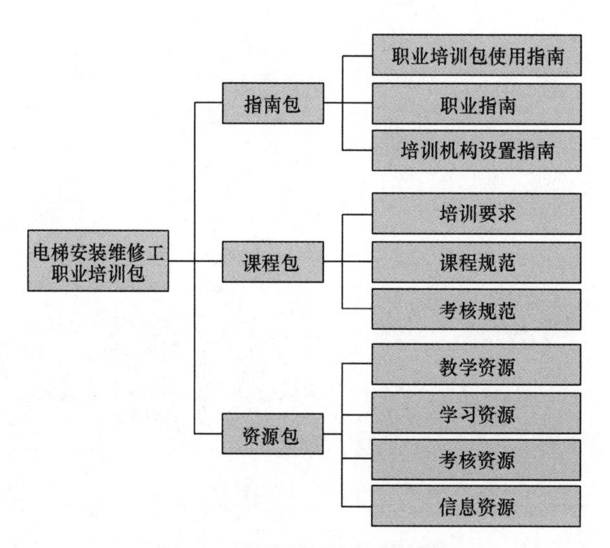

图 1 职业培训包结构图

指南包是指导培训机构、培训教师与学员开展职业培训的服务性内容总和，包括职业培训包使用指南、职业指南和培训机构设置指南。职业培训包使用指南是培训教师与学员了解职业培训包内容、选择培训课程、使用培训资源的说明性文本，职业指南是对职业信息的概述，培训机构设置指南是对培训机构开展职业培训提出的具体要求。

课程包是培训机构与教师实施职业培训、培训学员接受职业培训必须遵守的规范总和，包括培训要求、课程规范、考核规范。培训要求是参照国家职业技能标准、结合职业岗位工作实际需求制定的职业培训规范；课程规范是依据培训要求、结合职业培训教学规律，对课程内容、培训方法与课堂学时等所做的统一规定；考核规范是针对课程规范中所规定的课程内容开发的，能够科学评价培训学员过程性学习效果与终结性培训成果的规则，是客观衡量培训学员职业基本素质与职业技能水平的标准，也是实施职业培训过程性与终结性考核的依据。

资源包是依据课程包要求，基于培训学员特征，遵循职业培训教学规律，应用先进职业培训课程理念而开发的多媒介、多形式的职业培训与考核资源总和，包括教学资源、学习资源、考核资源和信息资源。教学资源是为培训教师组织实施职业培训教学活动提供的相关资源，学习资源是为培训学员学习职业培训课程提供的相关资源，考核资源是为培训机构和教师实施职业培训考核提供的相关资源，信息资源是为培训教师和学员拓宽视野提供的体现科技进步、职业发展的相关动态资源。

1.1.2　培训课程体系介绍

电梯安装维修工职业培训课程体系依据职业技能等级分为职业基本素质培训课程、五级 / 初级职业技能培训课程、四级 / 中级职业技能培训课程、三级 / 高级职业技能培训课程、二级 / 技师职业技能培训课程和一级 / 高级技师职业技能培训课程，每一类课程包含模块、课程和学习单元三个层级。电梯安装维修工职业培训课程体系均源自本职业培训包课程包中的课程规范，以学习单元为基础，形成职业层次清晰、内容丰富的“培训课程超市”。

电梯安装维修工职业培训课程学时分配一览表

职业技能等级	课堂学时		其他学时	培训总学时
	职业基本素质培训课程	职业技能培训课程		
五级 / 初级	100	100	100	300
四级 / 中级	60	220	100	380
三级 / 高级	40	360	30	430
二级 / 技师	32	388	30	450
一级 / 高级技师	20	380	20	420

注：课堂学时是指培训机构开展的理论课程教学及实操课程教学的建议最低学时数。其他学时包括岗位实习、现场观摩、自学自练等其他学时。

（1）职业基本素质培训课程

模块	课程	学习单元	课堂学时
1. 职业认知与职业道德	1–1　职业认知	职业认知	4
	1–2　职业道德基本知识	道德与职业道德知识	2
	1–3　职业守则	电梯安装维修工职业守则	1

续表

模块	课程	学习单元	课堂学时
2. 基础知识	2-1 土建图与机械制图知识	土建图与机械制图知识	16
	2-2 电梯结构与原理	（1）曳引电梯结构与原理	16
		（2）自动扶梯结构与原理	8
	2-3 机械基础知识	机械基础知识	16
	2-4 电气基础知识	电气基础知识	24
	2-5 安全防护知识	（1）现场文明生产要求	1.5
		（2）安全、环保与消防知识	5.5
	2-6 质量管理知识	质量管理知识	2
3. 法律法规及技术规范与标准	相关法律法规及技术规范与标准	（1）相关法律法规	1
		（2）相关技术规范与标准	3
课堂学时合计			100

注：本表所列为五级 / 初级职业基本素质培训课程，其他等级职业基本素质培训课程按“电梯安装维修工职业培训课程学时分配一览表”中相应的课堂学时要求对本表进行必要的调整。

（2）五级 / 初级职业技能培训课程

模块	课程	学习单元	课堂学时
1. 安装调试	1-1 机房设备安装调试	（1）限速器的安装	2
		（2）机房电气接线	4
	1-2 井道设备安装调试	（1）层站召唤、显示装置部件的安装	2
		（2）井道接线盒的安装	2
		（3）限速器张紧装置的安装调试	2
		（4）层门部件的安装	8
	1-3 轿厢对重设备安装调试	（1）轿厢部件的安装调试	8
		（2）轿厢导靴的安装	2
		（3）轿顶电气部件接线	3
	1-4 自动扶梯设备安装调试	（1）塞尺、抛光机的使用	1
		（2）护壁板的安装调试	2
		（3）内外盖板的安装调试	2
		（4）扶手导轨的安装调试	2
		（5）防护装置的安装	2

续表

模块	课程	学习单元	课堂学时
2. 诊断修理	2-1　机房设备诊断修理	（1）困人救援	4
		（2）主电源故障的诊断	2
	2-2　井道设备诊断修理	（1）井道位置信息装置的更换	2
		（2）层门、轿门导向装置故障的排除	2
	2-3　轿厢对重设备诊断修理	（1）轿内按钮、显示装置的更换	2
		（2）电梯轿厢照明设备、应急照明设备的更换	2
	2-4　自动扶梯设备诊断修理	（1）自动扶梯运行方向显示部件的更换	2
		（2）梳齿板异物卡阻故障的诊断与修理	2
		（3）扶手带导轨异物卡阻故障的诊断与修理	3
3. 维护保养	3-1　机房设备维护保养	（1）编码器的维护保养	2
		（2）机房电气设备的维护保养	2
		（3）限速器销轴的润滑	2
	3-2　井道设备维护保养	（1）层门自动关闭装置的维护保养	1
		（2）对重块的维护保养	3
		（3）层门的维护保养	2
		（4）层门锁紧装置的维护保养	2
	3-3　轿厢对重设备维护保养	（1）开关门防夹人保护装置的维护保养	2
		（2）轿顶电气装置的维护保养	2
		（3）平层准确度的测量与判断	2
		（4）轿内操纵箱的检查	2
		（5）导轨润滑系统的维护保养	2
	3-4　自动扶梯设备维护保养	（1）自动扶梯盖板、护罩的开启	2
		（2）自动扶梯防护装置的维护保养	2
		（3）自动扶梯主驱动链的检查	2
		（4）自动扶梯显示、操作装置的检查	2
		（5）自动润滑装置油位检查与维护	2
		（6）梯级与相关部件间隙的测量	3
课堂学时合计			100

（3）四级 / 中级职业技能培训课程

模块	课程	学习单元	课堂学时
1. 安装调试	1-1　机房设备安装调试	（1）曳引机、承重钢梁、夹绳器的安装调试	8
		（2）控制柜的安装与接线	4
		（3）自锁紧楔形绳套的制作	2
	1-2　井道设备安装调试	（1）土建勘测与复核	4
		（2）样板架的设置与定位	4
		（3）层门部件的安装调试	4
		（4）井道位置信息装置的定位与安装	2
		（5）缓冲器的定位与安装	2
		（6）导轨的安装调试	4
		（7）曳引钢丝绳的安装	4
		（8）井道电缆的安装	2
		（9）补偿装置的安装调试	2
	1-3　轿厢对重设备安装调试	（1）轿厢架的安装调试	4
		（2）轿底及轿厢地坎的安装调试	4
		（3）对重装置的安装	4
		（4）轿厢开门机构、门扇的安装调试	4
		（5）轿顶护栏的安装	1
		（6）轿顶电气部件的安装	3
	1-4　自动扶梯设备安装调试	（1）围裙板的安装	2
		（2）扶手带及其导向件、张紧装置的安装调试	4
		（3）梯级的安装调试	2
		（4）土建勘测与复核	4

续表

模块	课程	学习单元	课堂学时
2. 诊断修理	2-1　机房设备诊断修理	（1）电气安全回路故障的排除	3
		（2）门锁回路故障的排除	3
		（3）制动器控制回路故障的排除	3
		（4）电梯电气回路的绝缘性能测试	3
		（5）限速器－安全钳联动试验	2
		（6）上行超速保护装置动作试验	2
		（7）空载曳引力、制动力试验	2
		（8）限速器动作速度校验	2
		（9）控制系统电气部件故障的排除	3
		（10）电梯方向、选层逻辑控制故障的排除	3
	2-2　井道设备诊断修理	（1）层门门扇联动与悬挂机构故障的排除	4
		（2）井道位置信号设备故障的排除	2
		（3）内外呼信号设备故障的排除	2
		（4）上、下极限开关位置的检查与调整	2
	2-3　轿厢对重设备诊断修理	（1）轿门门扇联动机构故障的排除	4
		（2）门机机械装置故障的排除	4
		（3）轿门悬挂机构故障的排除	4
		（4）门刀的安装、检查与调整	2
		（5）轿门门锁装置的安装、检查与调整	2
	2-4　自动扶梯设备诊断修理	（1）自动扶梯电气安全回路故障的排除	4
		（2）自动扶梯梯路异物卡阻故障的排除	7

续表

模块	课程	学习单元	课堂学时
3. 维护保养	3-1　机房设备维护保养	（1）限速器及其张紧轮的维护保养	2
		（2）曳引钢丝绳端接装置的维护保养	2
		（3）制动器监测装置的维护保养	2
		（4）控制柜仪表及显示装置的维护保养	2
		（5）曳引轮、导向轮的轮槽磨损检查	2
		（6）曳引钢丝绳的断丝、磨损、变形检查	2
		（7）电动机与减速箱联轴器螺栓的维护保养	2
		（8）减速箱润滑保养	2
		（9）电梯平衡系数的测量与判断	4
	3-2　井道设备维护保养	（1）层门的维护保养	2
		（2）补偿链（缆、绳）的维护保养	2
		（3）随行电缆的维护保养	2
		（4）曳引钢丝绳公称直径的测量与判断	2
		（5）钢丝绳张力测量及张力差调整	4
	3-3　轿厢对重设备维护保养	（1）导靴间隙的检查与调整	2
		（2）门机机械装置的维护保养	2
		（3）轿门门锁及其电气开关的维护保养	2
		（4）电梯运行噪声的测量与判断	2

续表

模块	课程	学习单元	课堂学时
3. 维护保养	3-4 自动扶梯设备维护保养	（1）扶手带系统的维护保养	2
		（2）主驱动链、扶手驱动链的维护保养	4
		（3）梯级链润滑装置的维护保养	2
		（4）梯级轴衬的维护保养	2
		（5）制动器间隙的检查与调整	2
		（6）梯级与相关部件间隙的检查与调整	4
		（7）自动扶梯制动距离试验及制动性能判断	3
		（8）梯级滚轮与梯级导轨的维护保养	4
		（9）主驱动链及梯级链的维护保养	2
		（10）附加制动器、制动器动作状态监测装置的维护保养	4
		（11）安全开关的维护保养	8
		（12）可编程安全系统的维护保养	6
课堂学时合计			220

（4）三级 / 高级职业技能培训课程

模块	课程	学习单元	课堂学时
1. 安装调试	1-1 机房设备安装调试	（1）曳引轮与导向轮垂直度、平行度的检查与调整	4
		（2）检修运行功能的调试	16
	1-2 井道设备安装调试	（1）根据土建布置图复核井道的垂直度和各层站门洞位置	2
		（2）2∶1 悬挂比的电梯曳引钢丝绳安装	24
	1-3 轿厢对重设备安装调试	（1）安全钳、联动机构及导靴的安装与调整	16
		（2）轿门门刀的安装及门刀与门锁滚轮、地坎间隙的调整	4
	1-4 自动扶梯设备安装调试	（1）扶手带运行速度的调试	8
		（2）主电源与控制柜电气线路的安装及主电源的接通	6

续表

模块	课程	学习单元	课堂学时
2. 诊断修理	2-1　机房设备诊断修理	（1）使用拉马器等工具更换、调整主机、曳引轮、导向轮、主机减振垫	12
		（2）通过修改驱动参数调整电梯运行抖动、噪声	20
		（3）控制柜线路、元件、系统、逻辑控制故障的检查与修理	20
		（4）曳引机制动器、减速箱油封、轴承的更换	16
	2-2　井道设备诊断修理	（1）电梯补偿链/缆、随行电缆、对重轮的更换	8
		（2）层门门扇、悬挂装置、地坎的更换与调整	4
	2-3　轿厢对重设备诊断修理	（1）轿顶轮、轿底轮、安全钳、轿厢轿架、自动门机系统的更换	12
		（2）电梯轿厢称重装置故障的检查与修理	4
	2-4　自动扶梯设备诊断修理	（1）扶手带及其驱动装置、链、轮、轴、各类制动器的更换	16
		（2）通过修改控制参数调整自动扶梯运行速度、抖动	8
3. 维修保养	3-1　机房设备维护保养	（1）电梯驱动电动机速度检测装置的检查、调整与故障排除	6
		（2）使用百分表等工具检查并调整联轴器	8
		（3）制动器间隙、制动力的检查与调整	10
		（4）使用电梯乘运质量分析仪、转速表等检测电梯的速度及加速度	8
	3-2　井道设备维护保养	（1）使用刀口尺、刨刀等修整导轨接头	8
		（2）根据电梯运行的振动情况检查、调整导轨	8
		（3）层门、轿门联动机构的检查与调整	8
	3-3　轿厢对重设备维护保养	（1）轿厢减振垫的检查与调整	4
		（2）使用液压剪刀截短电梯曳引钢丝绳、钢带并调整缓冲距离	4
	3-4　自动扶梯设备维护保养	（1）扶手带托轮、滑轮群、防静电轮、梯级传动装置的检查与调整	8
		（2）进入梳齿板处的梯级与导轮轴向窜动量的检查与调整	8
		（3）速度检测装置及非操纵逆转监测装置的检查与调整	12
		（4）使用速度检测仪检测自动扶梯的运行速度	8

续表

模块	课程	学习单元	课堂学时
4. 改造更新	4-1 曳引驱动乘客电梯设备改造更新	（1）根据改造方案拆装、改造、调试不同规格型号的曳引机	8
		（2）根据改造方案拆装、改造、调试不同型号的控制系统	8
		（3）根据加层改造方案进行加层改造并调试曳引驱动乘客电梯	8
		（4）拆装、改造轿厢和内部装潢并调整轿厢平衡与电梯平衡系数	4
		（5）根据悬挂比改造方案拆装、改造曳引系统的悬挂比	8
		（6）读卡器（IC 卡）系统、残疾人操纵箱、能量反馈系统、应急平层装置及远程监控装置的加装与调试	8
	4-2 自动扶梯设备改造更新	（1）变频器及其外部控制设备的加装及自动扶梯变频控制功能的调试	8
		（2）自动扶梯控制系统的改造与调试	8
课堂学时合计			360

（5）二级 / 技师职业技能培训课程

模块	课程	学习单元	课堂学时
1. 安装调试	1-1 曳引驱动乘客电梯设备安装调试	（1）控制参数和驱动参数的设定及电梯运行功能与性能的调试	20
		（2）门机功能与性能的调试	8
		（3）轿厢静、动态平衡的测试与调整	8
		（4）电梯安装调试方案的编制	12
	1-2 自动扶梯设备安装调试	（1）分段式自动扶梯桁架和导轨的校正	8
		（2）自动扶梯电气控制参数的修改与运行功能的调试	8
		（3）大跨度自动扶梯中间支撑部件的安装与调整	10
2. 诊断修理	2-1 曳引驱动乘客电梯设备诊断修理	（1）电梯重复性故障的分析及其解决方案的提出	32
		（2）电梯偶发性故障的分析及其解决方案的提出	16
		（3）电梯重大修理的安全管理与施工方案编制	20

续表

模块	课程	学习单元	课堂学时
2. 诊断修理	2–2 自动扶梯设备诊断修理	（1）自动扶梯重复性故障的分析及其解决方案的提出	20
		（2）自动扶梯偶发性故障的分析及其解决方案的提出	16
		（3）自动扶梯重大修理的安全管理与施工方案编制	12
3. 改造更新	3–1 曳引驱动乘客电梯改造更新	（1）曳引系统改造施工管理与方案编制	24
		（2）控制系统改造施工管理与方案编制	20
		（3）加层改造施工管理与方案编制	24
		（4）悬挂比改造施工管理与方案编制	22
	3–2 自动扶梯设备改造更新	（1）加装变频器施工、调试和检验方案的编制	16
		（2）控制系统改造施工、调试和检验方案的编制	20
4. 培训管理	4–1 培训指导	（1）三级 / 高级及以下级别人员基础理论知识与专业技术理论知识的培训	16
		（2）三级 / 高级及以下级别人员技能操作的培训	16
		（3）三级 / 高级及以下级别人员查找和使用相关技术手册的指导	8
	4–2 技术管理	（1）电梯安装维修技术报告的撰写	8
		（2）三级 / 高级及以下级别人员的技术指导	16
		（3）技术总结与技术成果推广	8
课堂学时合计			388

（6）一级 / 高级技师职业技能培训课程

模块	课程	学习单元	课堂学时
1. 安装调试	1–1 曳引驱动乘客电梯安装调试	（1）影响电梯启停、运行舒适感关联因素的分析与调整	10
		（2）导轨弯曲变形的原因分析与处理	8
		（3）在用电梯导轨的校正	8
	1–2 自动扶梯设备安装调试	（1）采用新技术、新材料、新工艺生产的自动扶梯和自动人行道的安装与调试	16
		（2）大跨度自动扶梯安装调试	8

续表

模块	课程	学习单元	课堂学时
2. 诊断修理	2-1　曳引驱动乘客电梯诊断修理	（1）电梯故障的统计分析及降低故障率改进方案的提出	28
		（2）运用新技术、新工艺、新材料改进电梯部件结构形式以降低失效风险	20
		（3）专用工具或设备的设计与应用	16
	2-2　自动扶梯诊断修理	（1）自动扶梯故障的统计分析及降低故障率改进方案的提出	20
		（2）运用新技术、新工艺、新材料改进自动扶梯部件结构形式以降低失效风险	16
		（3）专用工具或设备的设计及自动扶梯诊断、修理效率的提高	10
3. 改造更新	3-1　曳引驱动乘客电梯改造更新	（1）电梯整机改造更新	32
		（2）电梯部件改造更新	40
	3-2　自动扶梯设备改造更新	（1）保留桁架的自动扶梯机械系统整体改造更新方案编制与工程管理	32
		（2）室内自动扶梯拆除更新的方案编制与工程管理	16
4. 培训管理	4-1　培训指导	（1）二级 / 技师基础理论知识、专业技术理论知识的培训	16
		（2）二级 / 技师技能操作的培训	16
		（3）二级 / 技师及以下级别人员撰写技术论文的指导	16
		（4）技术革新及技术难题的解决	16
	4-2　技术管理	（1）二级 / 技师的技术指导	12
		（2）新技术、新工艺的推广与应用	8
		（3）总结本职业先进高效的安装工艺、维修技术等技术成果并编写技术报告	16
课堂学时合计			380

1.1.3　培训课程选择指导

职业基本素质培训课程为必修课程，相当于本职业的入门课程。各级别职业技能培训课程由培训机构教师根据培训学员实际情况，遵循高级别涵盖低级别的原则进行选择。

原则上，初入职的培训学员应学习职业基本素质培训课程和五级 / 初级职业技能培训课程的全部内容，有职业技能等级提升需求的培训学员，可按照国家职业技能标准的“鉴定要求”，对照自身需求选择更高等级的培训课程。

具有一定从业经验、无职业技能等级晋升要求的培训学员，可根据自身实际情况自主选择本职业培训课程。其具体方法为：（1）选择课程模块；（2）在模块中筛选课程；（3）在课程中筛选学习单元；（4）组合成本次培训的整个课程。

培训教师可以根据以上方法对培训学员进行单独指导。对于订单培训，培训教师可以按照以上方法，对照订单要求进行培训课程的选择。

1.2 职业指南

1.2.1 职业描述

电梯安装维修工是使用安装与维修的专用设备、工具、夹具、量具及诊断检测设备，在建筑物现场从事曳引驱动乘客电梯（简称曳引电梯）、自动扶梯与自动人行道设备的安装、改造、调试、维修、保养工作的操作及维护人员。

1.2.2 职业培训对象

参加电梯安装维修职业培训的对象主要包括：在职的电梯安装工、电梯维修与日常维护保养工、电梯工程类技术人员、管理人员；电梯制造企业和电梯部件生产企业内为安装、维修现场提供技术支持的服务人员；城乡未继续升学的应届初中、高中以及各类职业学校毕业生、农村转移就业劳动者、城镇登记失业人员、转岗转业人员、退役军人、企业在职职工和高校毕业生等各类有培训需求的人员。

1.2.3 就业前景

电梯安装维修的工作岗位有：电梯安装工、电梯维修与日常维护保养工、电梯安装班组长、项目经理、售后服务人员与区域主管、电梯安装维保技术支持与技术指导人员等，还可以发展为企业首席技师、业内大师。

1.3 培训机构设置指南

1.3.1 师资配备要求

（1）培训教师任职基本条件

1）培训五级 / 初级、四级 / 中级、三级 / 高级电梯安装维修工的教师应具备本职业二级 / 技师及以上职业资格证书或相关专业中级及以上专业技术职务任职资格。

2）培训电梯安装维修二级 / 技师的教师应具有本职业一级 / 高级技师职业资格证书或相关专业高级专业技术职务任职资格。

3）培训电梯安装维修一级 / 高级技师的教师应具有本职业一级 / 高级技师职业资格证书 2 年以上或相关专业高级专业技术职务任职资格。

（2）培训教师数量要求（以 30 人培训班为基准）

1）理论课教师：1 人以上；培训规模超过 30 人的，按教师与学员之比不低于 1∶30 配备教师。

2）实习指导教师：1 人以上；培训规模超过 30 人的，按教师与学员之比不低于 1∶15 配备教师。

（3）其他要求。培训教师应掌握通用的教学技能，并掌握现代职业教育的教学方法。

1.3.2 培训场所设备配置要求

培训场所设备配置要求如下（以 30 人培训班为基准）：

（1）理论知识培训场所设备配置要求：不少于 70 m^2 标准教室，多媒体教学设备（计算机、投影仪、幕布或显示屏、网络连接设备、音响设备）、黑板、30 套以上桌椅，符合照明、通风、消防安全等相关规定。

（2）操作技能培训场所设备、设施配置要求：实训工位充足，设备、设施配套齐全，符合环保、劳保、安全、卫生、消防、通风、照明等相关规定及安全规程。电梯安装维修工实训场所的实训设备数量和工具配置必须同时满足 30 名学员进行实训教学。

操作技能培训场所设备、设施配置应符合电梯安装维修职业主要实训教室、场地规格表和主要实训设备配置要求对照表所列要求（按标准培训班 30 人配备）。

电梯安装维修职业主要实训教室、场地规格表

<table>
<tr><th>教学与实践场地</th><th>规格</th><th>备注</th></tr>
<tr><td>理论教学教室</td><td>30 座及以上</td><td rowspan="5">实训工位数能满足轮换实习要求</td></tr>
<tr><td>实训操作场地（电工电子实验室）</td><td>70 m²/30 工位</td></tr>
<tr><td>实训操作场地（电梯拖动系统实习实验室）</td><td>80 m²</td></tr>
<tr><td>实训操作场地（电梯实验室）</td><td>200 m²</td></tr>
<tr><td>实训操作场地（钳工实验室）</td><td>200 m²</td></tr>
</table>

电梯安装维修职业主要实训设备配置要求对照表

<table>
<tr><th>等级</th><th>主要设备、工具及材料配置</th><th>数量</th><th>备注</th></tr>
<tr><td rowspan="6">五级 / 初级</td><td>电梯主回路接线板</td><td>2 块</td><td rowspan="6">—</td></tr>
<tr><td>电梯门机接线板</td><td>2 块</td></tr>
<tr><td>层门与轿门联动系统</td><td>2 套</td></tr>
<tr><td>可操作的模拟井道</td><td>2 个</td></tr>
<tr><td>可操作的模拟电梯</td><td>4 台</td></tr>
<tr><td>可操作的模拟自动扶梯</td><td>1 台</td></tr>
<tr><td rowspan="10">四级 / 中级</td><td>双踪示波器</td><td>2 台</td><td rowspan="10">覆盖五级 / 初级培训所需设备</td></tr>
<tr><td>接地电阻测试仪</td><td>2 台</td></tr>
<tr><td>声级计</td><td>2 台</td></tr>
<tr><td>计算机</td><td>4 套</td></tr>
<tr><td>PLC 控制器</td><td>4 套</td></tr>
<tr><td>自动开门机（含轿门装置）</td><td>2 套</td></tr>
<tr><td>曳引机（机组组合）</td><td>2 套</td></tr>
<tr><td>控制屏</td><td>4 台</td></tr>
<tr><td>限速器校验仪</td><td>2 套</td></tr>
<tr><td>限速器与安全钳（组合装置）</td><td>2 套</td></tr>
<tr><td>三级 / 高级与二级 / 技师</td><td>变频器</td><td>4 套</td><td>覆盖四级 / 中级培训所需设备</td></tr>
<tr><td>一级 / 高级技师</td><td>电梯仿真系统</td><td>4 台</td><td>覆盖三级 / 高级与二级 / 技师培训所需设备</td></tr>
</table>

1.3.3 教学资料配备要求

（1）培训规范：《电梯安装维修工国家职业技能标准》《电梯安装维修工职业基本素质培训要求》《电梯安装维修工职业技能培训要求》《电梯安装维修工职业基本素质培训课程规范》《电梯安装维修工职业技能培训课程规范》《电梯安装维修工职业基本素质培训考核规范》《电梯安装维修工职业技能培训理论知识考核规范》《电梯安装维修工职业技能培训操作技能考核规范》。

（2）教学资源：教材教辅、网络资源等内容必须符合“（1）培训规范”。

1.3.4 管理人员配备要求

（1）专职校长：1人，应具有大专及以上文化程度、中级及以上专业技术职务任职资格，从事职业技术教育及教学管理5年以上，熟悉职业培训的有关法律法规。

（2）教学管理人员：1人以上，专职不少于1人；应具有大专及以上文化程度、中级及以上专业技术职务任职资格，从事职业技术教育及教学管理5年以上，具有丰富的教学管理经验。

（3）办公室人员：1人以上，应具有大专及以上文化程度。

（4）财务管理人员：2人，应具有大专及以上文化程度。

1.3.5 管理制度要求

应建立完备的管理制度，包括办学章程与发展规划、教学管理、教师管理、学员管理、财务管理、设备管理等制度。

2

课程包

2.1 培训要求

2.1.1 职业基本素质培训要求

<table>
<tr><th>职业基本素质模块</th><th>培训内容</th><th>培训细目</th></tr>
<tr><td rowspan="3">1. 职业认知与职业道德</td><td>1-1 职业认知</td><td>（1）电梯安装维修行业简介
（2）电梯安装维修工的工作内容</td></tr>
<tr><td>1-2 职业道德基本知识</td><td>（1）职业道德修养
（2）电梯安装维修工道德与职业道德</td></tr>
<tr><td>1-3 职业守则</td><td>电梯安装维修工职业守则</td></tr>
<tr><td rowspan="6">2. 基础知识</td><td>2-1 土建图与机械制图知识</td><td>土建图与机械制图知识</td></tr>
<tr><td>2-2 电梯结构与原理</td><td>（1）曳引电梯的基本结构与原理
（2）自动扶梯的基本结构与原理</td></tr>
<tr><td>2-3 机械基础知识</td><td>机械基础知识</td></tr>
<tr><td>2-4 电气基础知识</td><td>电气基础知识</td></tr>
<tr><td>2-5 安全防护知识</td><td>（1）现场文明生产要求
（2）安全、环保与消防知识</td></tr>
<tr><td>2-6 质量管理知识</td><td>（1）质量管理的概念
（2）质量管理的基本方法</td></tr>
<tr><td>3. 法律法规及技术规范与标准</td><td>相关法律法规及技术规范与标准</td><td>（1）相关法律法规
（2）相关技术规范与标准</td></tr>
</table>

2.1.2 五级 / 初级职业技能培训要求

<table>
<tr><th>职业功能模块</th><th>培训内容</th><th>技能目标</th><th>培训细目</th></tr>
<tr><td rowspan="2">1. 安装调试</td><td rowspan="2">1-1 机房设备安装调试</td><td>1-1-1 能使用线锤、旋具、扳手定位、安装限速器</td><td>（1）限速器的定位
（2）限速器的安装
（3）限速器垂直度的调整
（4）线锤的使用</td></tr>
<tr><td>1-1-2 能使用剥线钳、尖嘴钳、斜口钳、钢锯等工具敷设线槽、线管和电线电缆</td><td>（1）机房线槽、线管的敷设
（2）机房电线电缆的敷设</td></tr>
</table>

续表

职业功能模块	培训内容	技能目标	培训细目
1. 安装调试	1-2 井道设备安装调试	1-2-1 能安装层站召唤装置、层站显示装置和井道接线盒	（1）层站召唤装置的安装 （2）层站显示装置的安装 （3）井道接线盒的安装
		1-2-2 能安装限速器张紧装置	（1）限速器张紧装置的安装 （2）限速器张紧装置的调整
		1-2-3 能安装层门门套、悬挂装置、门扇、地坎装置	（1）电焊机及电锤钻的使用 （2）层门地坎的安装 （3）层门门套的安装 （4）层门悬挂装置的安装 （5）层门门扇的安装
	1-3 轿厢对重设备安装调试	1-3-1 能使用吊具、锤子、卷尺等工具安装轿顶、轿厢导靴、轿厢围壁、装饰吊顶、风机、照明设备、轿内操纵箱	（1）轿厢围壁的安装 （2）轿顶的安装 （3）装饰吊顶的安装 （4）风机、照明设备的安装 （5）轿内操纵箱的安装 （6）轿厢导靴的安装
		1-3-2 能敷设风机、照明电气线路	（1）轿顶线缆的敷设 （2）轿顶风机接线 （3）轿顶照明设备接线
	1-4 自动扶梯设备安装调试	能安装自动扶梯内外盖板、护壁板、扶手导轨、防攀爬装置、防护挡板、防夹装置，并使用塞尺、抛光机调整内外盖板、护壁板、扶手导轨间隙和平整度	（1）内外盖板、护壁板的安装 （2）直线段扶手导轨的安装 （3）防攀爬装置、防护挡板的安装 （4）防夹装置的安装 （5）内外盖板、护壁板间隙和平整度的调整 （6）扶手导轨间隙和平整度的调整
2. 诊断修理	2-1 机房设备诊断修理	2-1-1 能使用紧急操作装置将轿厢移至开锁区域	（1）紧急操作的安全作业程序 （2）紧急操作装置的使用与救援实施
		2-1-2 能使用万用表诊断电梯主电源故障	（1）万用表的使用 （2）电梯主电源故障的诊断
	2-2 井道设备诊断修理	2-2-1 能更换井道位置信息装置	（1）进入轿顶的操作规范 （2）井道位置信息装置的更换 （3）井道位置信息装置的调整
		2-2-2 能修理电梯层门、轿门地坎槽及门导轨的异物卡阻故障	（1）层门、轿门地坎槽卡阻故障的排除 （2）层门、轿门门导轨卡阻故障的排除

续表

职业功能模块	培训内容	技能目标	培训细目
2. 诊断修理	2-3 轿厢对重设备诊断修理	2-3-1 能更换轿内按钮与显示装置	（1）轿内按钮与对讲装置的更换 （2）轿内显示装置的更换
		2-3-2 能诊断、修理电梯轿厢照明及应急照明设备故障	（1）电梯轿厢照明与通风设备故障的诊断与修理 （2）电梯轿厢应急照明及应急电源设备故障的诊断与修理
	2-4 自动扶梯设备诊断修理	2-4-1 能更换自动扶梯运行方向显示部件	（1）自动扶梯运行显示的图案与故障诊断 （2）自动扶梯运行方向显示部件的更换
		2-4-2 能修理扶手带导轨、梳齿板的异物卡阻故障	（1）扶手带导轨的检查与修理 （2）梳齿板与梯级啮合深度的检查与调整 （3）梳齿板异物卡阻故障的修理
3. 维护保养	3-1 机房设备维护保养	3-1-1 能检查、紧固编码器、电源箱和控制柜内接线端子	（1）编码器的检查维护 （2）机房设备电气接线端子的检查维护
		3-1-2 能使用油枪润滑限速器销轴部位	（1）限速器装置的形式 （2）使用油枪或油杯对限速器销轴部位进行润滑
	3-2 井道设备维护保养	3-2-1 能检查、测试并调整层门自动关闭装置	（1）层门自动关闭装置的方式 （2）层门自动关闭装置的检查、测试及调整
		3-2-2 能检查对重块数量并紧固其压板	（1）对重块数量的检查和对重块在对重架框内的正确标识 （2）不同材质的对重块在对重架内的安放要求 （3）对重块防跳压板的检查与紧固
		3-2-3 能检查、调整层门的间隙	（1）层门门扇与门扇间隙的检查与调整 （2）层门门扇与门套间隙的检查与调整 （3）层门门扇与地坎间隙的检查与调整 （4）层门下口扒缝间隙的检查与调整
		3-2-4 能清洁、检查和调整层门门锁电气触点	（1）层门门锁电气触点的清洁与维护 （2）层门门锁电气触点的检查与调整

续表

职业功能模块	培训内容	技能目标	培训细目
3. 维护保养	3-3 轿厢对重设备维护保养	3-3-1 能通过开关门试验检查防夹人保护装置的功能	（1）开关门防夹人保护装置应具有的安全功能 （2）开关门防夹人保护装置功能的检查与试验
		3-3-2 能测试、判断轿顶检修开关、停止装置的功能	（1）轿顶检修开关的维护保养 （2）轿顶停止装置的维护保养
		3-3-3 能用量具测量及判断平层准确度	（1）平层准确度的测量 （2）平层准确度的判断
		3-3-4 能检查轿内报警装置、对讲系统、轿内显示和指令按钮、读卡器（IC 卡）系统的功能	（1）轿内报警装置功能的检查 （2）轿内对讲系统功能的检查 （3）轿内显示和指令按钮功能的检查 （4）读卡器（IC 卡）系统功能的检查
		3-3-5 能检查、维护轿厢及对重导轨润滑系统	（1）轿厢导轨加油装置的维护保养 （2）对重导轨加油装置的维护保养 （3）轿厢导轨的润滑 （4）对重导轨的润滑
	3-4 自动扶梯设备维护保养	3-4-1 能开启自动扶梯上下机房、各驱动和转向站、电动机通风口的盖板或护罩	（1）自动扶梯上下机房盖板的开启 （2）自动扶梯各驱动和转向站、电动机通风口护罩的开启
		3-4-2 能检查、调整自动扶梯防夹装置、防攀爬装置	（1）自动扶梯防夹装置的检查与调整 （2）自动扶梯防攀爬装置的检查与调整
		3-4-3 能检查自动扶梯主驱动链、运行方向状态显示装置、启动开关、停止开关的功能	（1）自动扶梯主驱动链功能的检查 （2）自动扶梯运行方向状态显示装置功能的检查 （3）自动扶梯启动开关功能的检查 （4）自动扶梯停止开关功能的检查
		3-4-4 能检查、维护自动扶梯显示面板及操纵箱、检修控制装置	（1）自动扶梯显示面板及操纵箱的检查 （2）自动扶梯检修控制装置的检查

续表

职业功能模块	培训内容	技能目标	培训细目
3. 维护保养	3-4 自动扶梯设备维护保养	3-4-5 能检查、维护梯级链的自动润滑装置油位	（1）梯级链自动润滑装置油位检查 （2）梯级链自动润滑装置油位维护
		3-4-6 能测量梯级间、梯级与梳齿板、梯级与围裙板、梳齿板梳齿与梯级踏板面齿槽的间隙	（1）梯级间隙的测量 （2）梯级与梳齿板间隙的测量 （3）梯级与围裙板间隙的测量 （4）梳齿板梳齿与梯级踏板面齿槽间隙的测量

2.1.3 四级 / 中级职业技能培训要求

职业功能模块	培训内容	技能目标	培训细目
1. 安装调试	1-1 机房设备安装调试	1-1-1 能使用起重设备、水平尺、钢直尺、电焊机、力矩扳手起吊、安装承重钢梁、底座、曳引机、导向轮、夹绳器	（1）承重钢梁的安装 （2）曳引机的安装 （3）夹绳器的安装
		1-1-2 能安装机房控制柜，接通控制柜的电气线路	（1）控制柜的安装 （2）控制柜的接线
		1-1-3 能装配楔形自锁紧式曳引钢丝绳端接装置	（1）楔块端部开口销的防跳绳松动功能分析 （2）自锁紧楔形绳套短边钢丝绳的绑扎与固定 （3）楔形自锁紧式曳引钢丝绳端接装置的安装
	1-2 井道设备安装调试	1-2-1 能测量、复核土建布置图的尺寸数据	（1）机房的测量 （2）井道、层站土建尺寸的测量与判断
		1-2-2 能制作样板架，并定位、固定样板线及样板架	（1）样板架的设置 （2）样板架的定位
		1-2-3 能定位、调整层门的门套、悬挂装置、门扇、地坎、井道位置信息装置、缓冲器	（1）层门地坎的定位与调整 （2）层门门套的定位与调整 （3）悬挂装置的定位与调整 （4）层门门扇的调整 （5）井道位置信息装置的定位与安装 （6）轿厢、对重缓冲器的定位与安装

续表

职业功能模块	培训内容	技能目标	培训细目
1．安装调试	1-2　井道设备安装调试	1-2-4　能安装轿厢及对重导轨、1∶1悬挂比的电梯曳引钢丝绳、随行电缆、补偿链及补偿缆导向装置	（1）轿厢、对重导轨的安装 （2）1∶1悬挂比的电梯曳引钢丝绳安装 （3）井道固定电缆、随行电缆的安装 （4）补偿链的安装与调整 （5）补偿缆导向装置的安装与调整
	1-3　轿厢对重设备安装调试	1-3-1　能起吊、安装轿厢架；安装轿厢地坎和轿底、对重架及其附件，并调整、校准轿厢地坎及轿底、两侧直梁	（1）轿厢架的起吊、安装及调整 （2）轿厢地坎的安装与调整 （3）轿底的安装与调整 （4）对重架及附件的安装
		1-3-2　能安装、调整轿厢开门机构和门扇	（1）轿厢开门机构的安装与调整 （2）轿门门扇的安装与调整
		1-3-3　能安装轿顶接线箱、护栏、检修盒、轿门开门限位装置，接通轿顶及轿厢电气线路	（1）轿顶护栏的安装 （2）轿顶接线箱、检修盒的安装 （3）轿顶电气部件接线 （4）轿顶与轿内操纵箱电气接线
	1-4　自动扶梯设备安装调试	1-4-1　能安装围裙板、扶手带、梯级	（1）围裙板的安装 （2）扶手带的安装 （3）梯级的安装
		1-4-2　能测量现场土建尺寸，复核自动扶梯设计图样	（1）采用不同仪器与设施对自动扶梯土建尺寸进行测量 （2）自动扶梯土建尺寸的复核
2．诊断修理	2-1　机房设备诊断修理	2-1-1　能诊断、修理电气安全回路、门锁回路、制动器控制回路引起的故障	（1）电气安全回路故障的诊断与修理 （2）门锁回路故障的诊断与修理 （3）制动器控制回路故障的诊断与修理
		2-1-2　能使用绝缘电阻测试仪测试并判断电梯的导电回路绝缘性能	（1）绝缘电阻测试仪的使用 （2）电梯主回路、电源回路、控制回路、信号回路的绝缘性能测试及判断
		2-1-3　能进行限速器－安全钳联动试验、上行超速保护装置动作试验、空载曳引力试验及制动力试验、轿厢意外移动保护装置动作试验，判断电梯安全性能	（1）限速器－安全钳联动试验及电梯安全性能判断 （2）上行超速保护装置动作试验及电梯安全性能判断 （3）空载曳引力试验、制动力试验及电梯安全性能判断 （4）轿厢意外移动保护装置动作试验及电梯安全性能判断

续表

职业功能模块	培训内容	技能目标	培训细目
2. 诊断修理	2-1 机房设备诊断修理	2-1-4 能使用限速器校验仪校验限速器动作速度	(1) 限速器校验仪的使用 (2) 限速器动作速度校验方法
		2-1-5 能诊断、修理控制系统电气部件及电梯方向、选层逻辑控制故障	(1) 控制系统电气部件故障的诊断与修理 (2) 电梯方向、选层逻辑控制故障的诊断与修理
	2-2 井道设备诊断修理	2-2-1 能诊断、修理层门门扇联动与悬挂机构、井道位置信号设备、内外呼信号的故障	(1) 层门门扇联动机构故障的诊断与修理 (2) 层门悬挂机构故障的诊断与修理 (3) 井道位置信号设备故障的诊断与修理 (4) 内外呼信号故障的诊断与修理
		2-2-2 能调整上、下极限开关位置	上、下极限开关位置的检查与调整
	2-3 轿厢对重设备诊断修理	2-3-1 能诊断、修理轿门门扇联动机构、悬挂机构、门机机械装置开关门故障	(1) 轿门门扇联动机构故障的诊断与修理 (2) 门机机械装置开关门故障的诊断与修理 (3) 轿门悬挂机构故障的诊断与修理
		2-3-2 能检查、调整门刀和轿门门锁机械、电气装置	(1) 门刀的检查与调整 (2) 轿门门锁机械、电气装置的检查与调整
	2-4 自动扶梯设备诊断修理	2-4-1 能诊断、修理电气安全回路故障	(1) 自动扶梯的安全保护功能和各部位电气安全装置的设置 (2) 自动扶梯电气安全回路故障的诊断与修理
		2-4-2 能诊断、修理异物卡阻引起的运行抖动及噪声	(1) 自动扶梯异物卡阻引起的运行抖动现象的诊断与修理 (2) 自动扶梯异物卡阻引起的运行噪声的诊断与修理

续表

职业功能模块	培训内容	技能目标	培训细目
3．维护保养	3-1　机房设备维护保养	3-1-1　能检查、调整限速器及其张紧轮、钢丝绳端接装置、制动器监测装置、控制柜仪表及显示装置	（1）限速器及其张紧轮的检查与调整 （2）钢丝绳端接装置的检查与调整 （3）制动器监测装置的检查与调整 （4）控制柜仪表及显示装置的检查与调整
		3-1-2　能检查曳引轮、导向轮轮槽磨损状况及曳引钢丝绳断丝、磨损、变形等状况	（1）曳引轮、导向轮轮槽磨损检查 （2）曳引钢丝绳断丝、磨损、变形等检查
		3-1-3　能检查、紧固电动机与减速箱联轴器螺栓	电动机与减速箱联轴器螺栓的检查与紧固
		3-1-4　能检查、更换减速箱润滑油	（1）减速箱润滑保养要求 （2）减速箱润滑油的检查与更换
		3-1-5　能使用钳形电流表测量电梯平衡系数	（1）钳形电流表的使用 （2）电梯平衡系数的测量
	3-2　井道设备维护保养	3-2-1　能检查、调整层门各部件、补偿链（缆、绳）、随行电缆	（1）层门各部件的检查与调整 （2）补偿链（缆、绳）的检查与调整 （3）随行电缆的检查与调整
		3-2-2　能使用游标卡尺测量曳引钢丝绳的公称直径	（1）游标卡尺的使用 （2）曳引钢丝绳公称直径的测量
		3-2-3　能使用拉力计测量、计算及调整钢丝绳的张力差	（1）拉力计的使用 （2）钢丝绳张力的测量 （3）钢丝绳张力差的计算与调整
	3-3　轿厢对重设备维护保养	3-3-1　能检查、调整导靴间隙、门机机械装置、轿门门锁及其电气开关	（1）导靴间隙的检查与调整 （2）门机机械装置的检查与调整 （3）轿门门锁及其电气开关的检查与调整
		3-3-2　能使用声级计测试电梯的运行噪声	（1）声级计的使用 （2）电梯运行噪声的测试

续表

职业功能模块	培训内容	技能目标	培训细目
3. 维护保养	3-4 自动扶梯设备维护保养	3-4-1 能检查、调整扶手带系统、驱动链系统、梯级轴衬、梯级链润滑装置	(1) 扶手带系统的检查与调整 (2) 驱动链系统的检查与调整 (3) 梯级轴衬的检查与调整 (4) 梯级链润滑装置的检查与调整
		3-4-2 能检查、调整制动器间隙、梯级间隙及梯级与梳齿板、梯级与围裙板、梳齿与梯级踏板面齿槽的间隙	(1) 制动器间隙的检查与调整 (2) 梯级间隙的检查与调整 (3) 梯级与梳齿板间隙的检查与调整 (4) 梯级与围裙板间隙的检查与调整 (5) 梳齿与梯级踏板面齿槽间隙的检查与调整
		3-4-3 能进行自动扶梯空载、有载向下运行制动距离试验并判断制动性能	(1) 自动扶梯空载向下运行制动距离试验及制动性能判断 (2) 自动扶梯有载向下运行制动距离试验及制动性能判断
		3-4-4 能检查、调整梯级滚轮及导轨、主驱动链及梯级链张紧装置、附加制动器、制动器动作状态监测装置	(1) 梯级滚轮及导轨的检查与调整 (2) 主驱动链及梯级链张紧装置的检查与调整 (3) 附加制动器的检查与调整 (4) 制动器动作状态监测装置的检查与调整
		3-4-5 能检查并维护梯级下陷开关、梯级链和主驱动链异常伸长开关、超速保护装置、扶手带速度监控系统、梯级缺失监测装置、梳齿板开关	(1) 梯级下陷开关的检查与调整 (2) 梯级链和主驱动链异常伸长开关的检查与调整 (3) 超速保护装置的检查与调整 (4) 扶手带速度监控系统的检查与调整 (5) 梯级缺失监测装置的检查与调整 (6) 梳齿板开关的检查与调整

2.1.4 三级 / 高级职业技能培训要求

职业功能模块	培训内容	技能目标	培训细目
1. 安装调试	1-1 机房设备安装调试	1-1-1 能检查、调整曳引轮与导向轮的垂直度、平行度	(1) 曳引轮、导向轮垂直度的检查与调整 (2) 曳引轮、导向轮平行度的检查与调整 (3) 全绕式系统曳引轮、导向轮平移错位与曳引轮 - 导向轮绳槽分中的检查与调整
		1-1-2 能调试检修运行功能	(1) 检修运行调试前必须完成项目的检查与复核 (2) 主控制器、变频器检修运行参数与功能的设置与调试 (3) 轿顶检修运行端站限位装置的安装与调整

续表

职业功能模块	培训内容	技能目标	培训细目
1. 安装调试	1-2　井道设备安装调试	1-2-1　能根据土建布置图复核井道的垂直度和各层站门洞位置	井道垂直度和各层站门洞位置的复核
		1-2-2　能安装 2∶1 悬挂比的电梯曳引钢丝绳	（1）2∶1 悬挂比的电梯曳引钢丝绳安装 （2）曳引钢丝绳组合在机架绳头板上垂直相交的旋转排序和绳孔的定位 （3）2∶1 悬挂比的电梯曳引钢丝绳张力测量与调整
	1-3　轿厢对重设备安装调试	1-3-1　能安装、调整安全钳、联动机构及导靴	（1）滑动导靴的安装与调整 （2）滚轮导靴的安装与调整 （3）安全钳与联动机构的安装与调整 （4）限速器－安全钳与联动机构的测试
		1-3-2　能安装轿门门刀，调整门刀与门锁滚轮、地坎的间隙	（1）轿门门刀的安装与调整 （2）轿门门刀与层门门锁滚轮啮合尺寸的调整 （3）轿门门刀与层门地坎间隙的调整
	1-4　自动扶梯设备安装调试	1-4-1　能调试扶手带的运行速度	（1）扶手带驱动装置的调整 （2）扶手带摩擦与张紧装置的调整 （3）扶手带张力与运行速度的调试
		1-4-2　能安装电气主电源，接通主电源与控制柜的电气线路	（1）电气主电源的安装 （2）控制柜接线的电阻检测和绝缘检查 （3）控制柜与电源电气线路的接通
2. 诊断修理	2-1　机房设备诊断修理	2-1-1　能使用拉马器等工具更换、调整主机、曳引轮、导向轮、主机减振垫	（1）主机的更换与调整 （2）主机曳引与导向部件的更换与调整 （3）主机减振垫的更换与调整
		2-1-2　能通过修改驱动参数调整电梯运行抖动、噪声	（1）主控制器运行梯形图各参数的设置与修改 （2）变频器 PID（比例、积分、微分增益）参数的修改与调整 （3）电梯运行抖动的调整 （4）电梯运行噪声的调整

续表

职业功能模块	培训内容	技能目标	培训细目
2. 诊断修理	2-1 机房设备诊断修理	2-1-3 能检查、修理控制柜内各电气线路与电气元件、控制系统通信功能、速度控制系统、位置控制系统以及电梯启动、加减速度、停止逻辑控制故障	（1）控制柜与控制系统的电气线路原理分析 （2）控制柜内各电气部件的功能与原理分析 （3）控制系统的通信功能与屏蔽－电磁兼容故障的排除 （4）速度控制系统的自学习与故障排除 （5）位置控制系统的自学习与故障排除 （6）电梯启动、加减速度、停止、抱闸开闭时序逻辑控制故障的排除
		2-1-4 能更换曳引机的制动器、制动衬、制动臂、销轴、电磁铁、减速箱油封、轴承	（1）制动器的更换与调整 （2）减速箱蜗杆前端输出轴密封圈和箱体各盖板油封的更换 （3）曳引机蜗轮主轴的轴承或轴套 / 瓦的更换 （4）蜗杆前后轴承或轴套的更换 （5）蜗杆后端推力轴承的更换和后端盖蜗杆窜隙的调整 （6）电动机端盖轴承或轴套的拆解与更换 （7）无齿轮曳引机主轴部件的拆解及主轴承、后端盖轴承的更换
	2-2 井道设备诊断修理	2-2-1 能更换电梯的补偿链 / 缆、随行电缆、对重轮	（1）补偿链 / 缆的更换与调整 （2）随行电缆的更换与调整 （3）对重轮的更换
		2-2-2 能更换、调整层门门扇、悬挂装置、地坎	（1）层门门扇的更换与调整 （2）层门悬挂装置的更换与调整 （3）层门地坎的更换与调整 （4）层门总成与各部件的更换与调整
	2-3 轿厢对重设备诊断修理	2-3-1 能更换轿顶轮、轿底轮、安全钳、轿厢轿架、自动门机系统	（1）轿顶轮的更换 （2）轿底轮的更换 （3）安全钳的更换 （4）轿厢轿架的更换 （5）自动门机系统的更换
		2-3-2 能检查、修理电梯轿厢称重装置的故障	电梯轿厢称重装置故障的检查与修理

续表

职业功能模块	培训内容	技能目标	培训细目
2. 诊断修理	2-4　自动扶梯设备诊断修理	2-4-1　能更换扶手带、扶手带驱动装置、梯级链、主驱动轴和链轮、驱动主机、驱动链、工作制动器、附加制动器	（1）扶手带的更换 （2）扶手带驱动装置的更换 （3）梯级链的更换 （4）主驱动轴的更换 （5）驱动链轮的更换 （6）驱动主机的更换 （7）驱动链的更换 （8）工作制动器的更换 （9）附加制动器的更换
		2-4-2　能通过修改控制参数调整自动扶梯运行速度、抖动	（1）自动扶梯运行速度的调整 （2）自动扶梯抖动的调整
3. 维修保养	3-1　机房设备维护保养	3-1-1　能检查、调整电梯驱动电动机的速度检测装置	（1）电梯驱动电动机速度检测装置的检查与调整 （2）速度检测装置、线路的屏蔽与传输干扰故障的排除
		3-1-2　能使用百分表等工具检查并调整联轴器	（1）使用专用工夹具与百分表检查并调整联轴器与制动盘的三位合一 （2）使用专用工夹具、钢针与塞尺检查并调整联轴器与制动盘的三位合一
		3-1-3　能检查、调整制动器间隙、制动力	（1）制动器的检查与调整 （2）内置式制动器制动力的检查与测试 （3）盘式制动器制动力的检查与测试
		3-1-4　能使用电梯乘运质量分析仪、转速表等检测电梯的速度及加速度	（1）电梯乘运质量的测量与分析 （2）电梯运行速度、加速度、加加速度的检测 （3）电梯运行曲线与 X 轴、Y 轴、Z 轴方向振动的测量与分析 （4）使用转速表检测电梯的运行速度
	3-2　井道设备维护保养	3-2-1　能使用刀口尺、刨刀等修整导轨接头	（1）使用刀口尺对导轨接头－接导板处的直线度进行检查与调整 （2）使用刨刀、锉刀等工具修整导轨接头的台阶与直线度偏差
		3-2-2　能根据电梯运行的振动情况检查、调整导轨间距及垂直度、平行度	（1）导轨垂直度的检查与调整 （2）相对导轨平行度的检查与调整 （3）导轨间距的检查与调整 （4）电梯运行质量分析及振动部位导轨的检查与调整
		3-2-3　能检查、调整层门、轿门联动机构	（1）层门联动机构的检查与调整 （2）轿门联动机构的检查与调整 （3）层门、轿门啮合与联动的调整

续表

职业功能模块	培训内容	技能目标	培训细目
3. 维修保养	3-3 轿厢对重设备维护保养	3-3-1 能检查、调整轿厢减振垫	(1) 轿厢减振机构的检查与调整 (2) 轿厢滑动卡板的检查与调整 (3) 轿厢底部减振橡胶或减振弹簧的检查与调整
		3-3-2 能使用液压剪刀截短电梯曳引钢丝绳、钢带，调整缓冲距离	(1) 使用液压剪刀截短电梯曳引钢丝绳 (2) 使用液压剪刀截短电梯曳引钢带 (3) 对重下部缓冲墩的增加及对重缓冲器距离的调整
	3-4 自动扶梯设备维护保养	3-4-1 能检查、调整扶手带托轮、滑轮群、防静电轮、梯级传动装置	(1) 扶手带托轮的检查与调整 (2) 扶手带滑轮群的检查与调整 (3) 扶手带防静电轮的检查与调整 (4) 梯级传动装置的检查与调整
		3-4-2 能检查、调整进入梳齿板处的梯级与导轮的轴向窜动量	(1) 上 / 下部出入与转向（过桥）部位导向装置的检查与调整 (2) 梳齿板处梯级与导轮轴向窜动量的检查与调整
		3-4-3 能检查、调整自动扶梯的速度检测装置及非操纵逆转监测装置	(1) 速度检测装置的检查与调整 (2) 非操纵逆转监测装置的检查与调整
		3-4-4 能使用速度检测仪检测自动扶梯的运行速度	(1) 自动扶梯专用速度检测仪的使用 (2) 自动扶梯运行速度的检测
4. 改造更新	4-1 曳引驱动乘客电梯设备改造更新	4-1-1 能根据改造方案拆装、改造、调试不同规格型号的曳引机	(1) 更换电动机的曳引机拆装改造 (2) 曳引机机座的拆装改造 (3) 改变曳引机组悬挂比的拆装改造 (4) 曳引机拆装改造后的调试
		4-1-2 能根据改造方案拆装、改造、调试不同型号的控制系统	(1) 控制柜内线路与各部件的更换、改造 (2) 控制柜内驱动装置的更换、改造 (3) 外部主要电气装置的更换、改造 (4) 不同型号控制柜的更换、改造 (5) 不同型号控制系统的兼容性调试
		4-1-3 能根据加层改造方案进行加层改造并调试曳引驱动乘客电梯	(1) 电梯加层改造工程方案的识读 (2) 加层改造电梯机械系统的安装与调试 (3) 加层改造电梯电气系统的安装与调试 (4) 加层改造后的整机调试

续表

职业功能模块	培训内容	技能目标	培训细目
4. 改造更新	4-1 曳引驱动乘客电梯设备改造更新	4-1-4 能拆装、改造轿厢和内部装潢，调整轿厢平衡与电梯平衡系数	（1）轿厢的拆装与改造 （2）轿厢内部装潢的拆装与改造 （3）轿厢内部装潢改造后电梯平衡系数的检查与调整
		4-1-5 能根据悬挂比改造方案拆装、改造曳引系统的悬挂比	（1）曳引系统悬挂比的改造 （2）悬挂比改造后曳引系统的测试与试验
		4-1-6 能加装读卡器（IC 卡）系统、残疾人操纵箱、能量反馈系统、应急平层装置及远程监控装置	（1）读卡器（IC 卡）系统的加装 （2）残疾人操纵箱的加装 （3）能量反馈系统的加装 （4）应急平层装置的加装 （5）远程监控装置的加装
	4-2 自动扶梯设备改造更新	4-2-1 能加装变频器及其外部控制设备，调试自动扶梯的变频控制功能	（1）变频器的加装 （2）变频控制功能的调试 （3）外部控制设备的加装
		4-2-2 能改造、调试自动扶梯的控制系统	（1）控制系统的改造 （2）控制系统改造后的调试

2.1.5 二级／技师职业技能培训要求

职业功能模块	培训内容	技能目标	培训细目
1．安装调试	1-1 曳引驱动乘客电梯设备安装调试	1-1-1 能设定驱动和控制参数，调试电梯运行功能、性能	（1）控制系统与驱动系统参数的设置 （2）控制系统功能与性能的调试 （3）驱动系统功能与性能的调试 （4）电梯整机的调试
		1-1-2 能调试门机功能、性能	（1）自动门机控制部分和驱动部分的调试 （2）门机系统的自学习 （3）自动门机综合调试
		1-1-3 能测试、调整轿厢的静、动态平衡	（1）轿厢静态平衡的测试与调整 （2）轿厢动态平衡的测试与调整

续表

职业功能模块	培训内容	技能目标	培训细目
1．安装调试	1-1　曳引驱动乘客电梯设备安装调试	1-1-4　能编制电梯安装调试方案	（1）电梯机械部件安装调试方案的编制 （2）电梯电气系统安装调试方案的编制 （3）电梯梯群控制系统安装调试方案的编制
	1-2　自动扶梯设备安装调试	1-2-1　能拼接、校正分段式自动扶梯桁架、导轨	（1）分段式自动扶梯桁架的拼接 （2）分段式自动扶梯桁架拼接后梯路导轨的检查与校正
		1-2-2　能修改电气控制参数，调试自动扶梯运行功能	（1）自动扶梯电气控制参数的修改 （2）自动扶梯运行功能的调试
		1-2-3　能安装、调整大跨度自动扶梯的中间支撑部件	（1）大跨度自动扶梯中间支撑部件的安装 （2）大跨度自动扶梯中间支撑部件的调整
2．诊断修理	2-1　曳引驱动乘客电梯设备诊断修理	2-1-1　能对电梯重复性故障进行分析并提出解决方案	（1）电梯机械运动系统重复性故障的分析及其解决方案的提出 （2）电梯电气控制与驱动系统重复性故障的分析及其解决方案的提出 （3）电梯通信系统重复性故障的分析及其解决方案的提出 （4）电梯电磁兼容与干扰重复性故障的分析及其解决方案的提出
		2-1-2　能对电梯偶发性故障进行跟踪分析并提出解决方案	（1）电梯机械运动系统偶发性故障的分析及其解决方案的提出 （2）电梯电气控制与驱动系统偶发性故障的分析及其解决方案的提出 （3）电梯通信系统偶发性故障的分析及其解决方案的提出 （4）电梯电磁兼容与干扰偶发性故障的分析及其解决方案的提出
		2-1-3　能编制电梯重大修理的安全施工方案	（1）电梯重大修理施工现场的安全管理 （2）电梯重大修理安全施工方案的编制
	2-2　自动扶梯设备诊断修理	2-2-1　能对自动扶梯重复性故障进行分析并提出解决方案	（1）自动扶梯机械传动系统重复性故障的分析及其解决方案的提出 （2）自动扶梯电气控制与驱动系统重复性故障的分析及其解决方案的提出 （3）自动扶梯运行中重复性异常振动与噪声的分析及其解决方案的提出

续表

职业功能模块	培训内容	技能目标	培训细目
2．诊断修理	2-2　自动扶梯设备诊断修理	2-2-2　能对自动扶梯偶发性故障进行跟踪分析并提出解决方案	（1）自动扶梯机械传动系统偶发性故障的跟踪分析及其解决方案的提出 （2）自动扶梯电气控制与驱动系统偶发性故障的跟踪分析及其解决方案的提出 （3）自动扶梯运行中偶发性异常振动与噪声的跟踪分析及其解决方案的提出
		2-2-3　能编制自动扶梯重大修理的安全施工方案	（1）自动扶梯重大修理施工现场的安全管理 （2）自动扶梯重大修理安全施工方案的编制
3．改造更新	3-1　曳引驱动乘客电梯改造更新	3-1-1　能编制曳引系统改造施工方案	（1）曳引系统改造中曳引主机选配方案的编制 （2）驱动装置选配方案的编制 （3）系统惯量校核方案的编制 （4）按系统要求计算曳引钢丝绳根数 （5）1：1绕法曳引系数（轮绳摩擦系数、包角等）的校核 （6）2：1绕法曳引系数（轮绳摩擦系数）的校核 （7）曳引系统改造后的现场型式试验 （8）曳引系统改造项目检验（自检）方案的编制
		3-1-2　能编制控制系统改造施工方案	（1）控制柜内线路与部件改造施工方案的编制 （2）控制柜内驱动装置改造施工方案的编制 （3）不同型号控制柜改造施工方案的编制 （4）控制系统改造项目检验（自检）方案的编制
		3-1-3　能编制加层改造施工方案	（1）电梯加层改造工程施工方案的编制 （2）电梯加层改造项目检验（自检）方案的编制
		3-1-4　能编制悬挂比改造施工方案	（1）机房承重点移位的悬挂比改造施工方案编制 （2）曳引机组安装位置变化的悬挂比改造施工方案编制 （3）对重导轨移位的悬挂比改造施工方案编制 （4）加装轿顶轮、对重轮的悬挂比改造施工方案编制 （5）悬挂比改造后曳引力的校核与试验 （6）悬挂比改造项目检验（自检）方案的编制

续表

职业功能模块	培训内容	技能目标	培训细目
3．改造更新	3-2　自动扶梯设备改造更新	3-2-1　能编制自动扶梯加装变频器施工方案	（1）加装变频器改变启停效果的施工方案编制 （2）加装变频器增加节能运行功能的施工方案编制 （3）加装出入口节能运行感应装置的施工方案编制 （4）加装变频器后各项功能与性能调试方案的编制 （5）加装变频器检验（自检）方案的编制
		3-2-2　能编制自动扶梯控制系统改造施工方案	（1）控制线路与主要部件改造施工方案的编制 （2）加装安全装置增加安全功能的施工方案编制 （3）加装故障监测与显示装置的施工方案编制 （4）不同型号控制系统改造施工方案的编制 （5）控制系统改造后各项功能与性能调试方案的编制 （6）控制系统改造项目检验（自检）方案的编制
4．培训管理	4-1　培训指导	4-1-1　能对三级/高级及以下级别人员进行基础理论知识、专业技术理论知识的培训	（1）基础理论知识和专业技术理论知识培训方案的编制 （2）基础理论知识和专业技术理论知识的培训要素
		4-1-2　能对三级/高级及以下级别人员进行技能操作培训	（1）技能操作培训方案的编制 （2）技能操作的培训要素
		4-1-3　能指导三级/高级及以下级别人员查找并使用相关技术手册	（1）指导三级/高级及以下级别人员查找和使用相关技术手册 （2）指导三级/高级及以下级别人员根据现场实际情况对照使用相关技术手册
	4-2　技术管理	4-2-1　能撰写电梯安装维修技术报告	（1）电梯安装技术报告的撰写 （2）电梯维修技术报告的撰写
		4-2-2　能对三级/高级及以下级别人员进行技术指导	（1）理论分析的指导 （2）实践操作的指导
		4-2-3　能总结本级别专业技术，向三级/高级及以下级别人员推广技术成果	（1）进行二级/技师级别的专业技术总结 （2）对三级/高级及以下级别人员进行技术成果的总结与推广

2.1.6 一级 / 高级技师职业技能培训要求

职业功能模块	培训内容	技能目标	培训细目
1. 安装调试	1-1 曳引驱动乘客电梯安装调试	1-1-1 能调试电梯启停、运行舒适感，并分析、排除影响舒适感的因素	（1）电梯启停、运行舒适感关联因素的分析 （2）控制系统启停、运行功能与性能的调试 （3）驱动系统启停、运行功能与性能的调试 （4）启停瞬间凸起与倒拉状态的消除 （5）电梯启停、运行舒适感调试方案的编制 （6）超高速电梯运动部件与固定部件气动效应的改善
		1-1-2 能分析建筑物引起导轨弯曲的原因，并编制解决方案	（1）建筑物与外部原因引起导轨弯曲变形的原因分析 （2）安装工艺或安装质量引起导轨弯曲变形的原因分析 （3）电梯导轨弯曲变形的校正和导轨内应力的消除 （4）在用电梯导轨校正方案的编制
	1-2 自动扶梯设备安装调试	1-2-1 能安装、调试采用新技术、新材料、新工艺生产的自动扶梯与自动人行道	（1）螺旋形自动扶梯的安装与调试 （2）出入口可变速自动扶梯的安装与调试 （3）出入口可变速自动人行道的安装与调试 （4）车载移动式自动扶梯的安装与调试 （5）薄型平铺大载量自动人行道的安装与调试 （6）多水平段大提升高度自动扶梯的安装与调试 （7）桁架结构与二力杆构件的受力分析
		1-2-2 能编制大跨度自动扶梯安装调试方案	（1）大跨度自动扶梯安装工程施工方案的编制 （2）大跨度自动扶梯安装工程质量计划的编制 （3）大跨度自动扶梯安装工程施工安全管理方案的编制 （4）大跨度自动扶梯安装工程调试方案的编制 （5）大跨度自动扶梯安装工程过程检验和完工终检（自检）方案的编制

续表

职业功能模块	培训内容	技能目标	培训细目
2. 诊断修理	2-1 曳引驱动乘客电梯诊断修理	2-1-1 能对电梯的故障数量和故障原因进行统计分析，提出降低故障率的改进方案	（1）电梯重复性故障的统计分析 （2）电梯偶发性故障的统计分析 （3）降低电梯故障率改进方案的提出
		2-1-2 能运用新技术、新工艺、新材料改进电梯部件结构形式，降低失效风险	（1）新一代微机控制系统的结构特点和有效性分析 （2）新一代变频驱动系统的结构特点和有效性分析 （3）新一代永磁同步无齿轮曳引驱动系统的结构特点和有效性分析 （4）新一代永磁同步电动机的结构特点和有效性分析 （5）盘式制动器的结构特点和有效性分析 （6）曳引钢带的结构特点和有效性分析 （7）目的层站控制电梯系统的结构特点和有效性分析 （8）双子电梯系统的结构特点和有效性分析 （9）变速电梯系统的结构特点和有效性分析
		2-1-3 能设计专用工具或设备提高电梯诊断、修理效率	（1）电梯诊断修理专用工具或设备的设计 （2）采用专用工具提高电梯诊断、修理效率
	2-2 自动扶梯诊断修理	2-2-1 能对自动扶梯的故障数量和故障原因进行统计分析，提出降低故障率的改进方案	（1）自动扶梯重复性故障原因的统计与分析 （2）自动扶梯偶发性故障原因的统计与分析 （3）降低自动扶梯故障率改进方案的提出
		2-2-2 能运用新技术、新工艺、新材料改进自动扶梯部件结构形式，降低失效风险	（1）新型高效驱动主机的结构特点和有效性分析 （2）电动机高速端超大惯量飞轮改善启停、运行、变载平稳性的功效分析 （3）新型辅助制动器、附加制动器的结构特点和有效性分析 （4）超大提升高度端部驱动自动扶梯的高强度梯级链（梯级滚轮外置）的结构特点和有效性分析 （5）新型不锈钢组合材料梯级的结构特点和有效性分析 （6）新型高分子材料梯级（彩色非金属）的结构特点和有效性分析

续表

职业功能模块	培训内容	技能目标	培训细目
2. 诊断修理	2-2 自动扶梯诊断修理	2-2-3 能设计专用工具或设备提高自动扶梯诊断、修理效率	（1）自动扶梯诊断修理专用工具或设备的设计 （2）采用专用工具提高自动扶梯诊断、修理效率
3. 改造更新	3-1 曳引驱动乘客电梯改造更新	3-1-1 能进行整机改造更新设计、计算	（1）主要部件和安全保护装置的选型 （2）改造前后技术参数对比 （3）保留层门装修改造更新的设计、计算 （4）不保留层门装修改造更新的设计、计算 （5）保留机房承重梁改造更新的设计、计算
		3-1-2 能进行部件改造更新设计、计算	（1）电梯部件更新改造的设计、计算 （2）改造工程中各部件的兼容性设计
	3-2 自动扶梯设备改造更新	3-2-1 能编制保留桁架的自动扶梯机械系统整体改造更新方案	（1）保留桁架的改造更新方案的编制 （2）改造后的检验（自检）与试验
		3-2-2 能编制拆除室内自动扶梯并更新的改造方案	（1）室内自动扶梯拆除更新的改造方案编制 （2）现场拆除吊点的选择与确定 （3）拆除后运送路径的选择 （4）现场路面和装修的保护 （5）采用简易的缩小模型对建筑物复杂路径进行运送校核
4. 培训管理	4-1 培训指导	4-1-1 能对二级 / 技师及以下级别人员进行基础理论知识、专业技术理论知识培训	（1）基础理论知识和专业技术理论知识培训方案的编制 （2）基础理论知识和专业技术理论知识的培训要素
		4-1-2 能对二级 / 技师及以下级别人员进行技能操作培训	（1）技能操作培训方案的编制 （2）技能操作的培训要素
		4-1-3 能指导二级 / 技师及以下级别人员撰写技术论文	（1）撰写技术论文的要点与课题的选择 （2）技术论文撰写指导方案的编制
		4-1-4 能进行技术革新，解决技术难题	（1）技术革新 （2）技术难题的解决

续表

职业功能模块	培训内容	技能目标	培训细目
4. 培训管理	4-2 技术管理	4-2-1 能对二级/技师及以下级别人员进行技术指导	（1）理论分析的指导 （2）实践操作的指导
		4-2-2 能推广与应用新技术、新工艺	（1）电梯新技术、新工艺的推广与应用 （2）自动扶梯新技术、新工艺的推广与应用
		4-2-3 能总结本职业先进高效的安装工艺、维修技术等技术成果并编写技术报告	（1）总结先进高效的安装工艺成果和维修技术成果 （2）撰写先进高效的安装工艺成果报告和维修技术成果报告

2.2 课程规范

2.2.1 职业基本素质培训课程规范

模块	课程	学习单元	课程内容	培训建议	课堂学时
1. 职业认知与职业道德	1-1 职业认知	职业认知	1）电梯安装维修行业简介 ① 电梯的定义（含自动扶梯） ② 电梯安装维修的定义（含自动扶梯） ③ 电梯安装维修的工具、仪器、设备	（1）方法：讲授法、案例教学法 （2）重点：电梯安装维修工的工作内容	4
			2）电梯安装维修工的工作内容 ① 了解曳引电梯安装作业工艺 ② 了解曳引电梯维修作业工艺 ③ 了解自动扶梯安装作业工艺 ④ 了解自动扶梯维修作业工艺		
	1-2 职业道德基本知识	道德与职业道德知识	1）职业道德 ①职业道德概念 ②职业道德内容 ③工作态度、安装维修质量、职业道德三者的关系 ④ 加强职业道德修养	（1）方法：讲授法、案例教学法 （2）重点：电梯安装维修工职业道德规范及其养成与应用	2
			2）电梯安装维修工职业道德规范		

续表

模块	课程	学习单元	课程内容	培训建议	课堂学时
1. 职业认知与职业道德	1-3 职业守则	电梯安装维修工职业守则	1）遵纪守法，爱岗敬业	（1）方法：讲授法、案例教学法 （2）重点：电梯安装维修工职业守则	1
			2）工作认真，团结协作		
			3）爱护设备，安全操作		
			4）遵守规程，执行工艺		
			5）保护环境，文明生产		
2. 基础知识	2-1 土建图与机械制图知识	土建图与机械制图知识	1）电梯土建图基本知识	（1）方法：讲授法、演示法 （2）重点与难点：识图基本知识	16
			2）零件图与装配图识读基本知识		
	2-2 电梯结构与原理	（1）曳引电梯结构与原理	1）曳引电梯的基本机械结构	（1）方法：讲授法、演示法 （2）重点：曳引电梯的基本结构 （3）难点：曳引电梯的工作原理	16
			2）曳引电梯主要部件的工作原理		
		（2）自动扶梯结构与原理	1）自动扶梯的基本机械结构	（1）方法：讲授法、演示法 （2）重点：自动扶梯的基本结构 （3）难点：自动扶梯的工作原理	8
			2）自动扶梯主要部件的工作原理		
	2-3 机械基础知识	机械基础知识	1）机械结构基本知识	（1）方法：讲授法、演示法 （2）重点与难点：机械传动原理	16
			2）机械传动基本知识		
	2-4 电气基础知识	电气基础知识	1）直流电路基本知识	（1）方法：讲授法、演示法 （2）重点：电子元件的识别 （3）难点：电路图的识读	24
			2）交流电路基本知识		
			3）电工读图基本知识		
			4）电力变压器基本知识		
			5）常用电动机基本知识		
			6）常用低压电器基本知识		
			7）曳引电梯电气原理图、接线图基本知识		
			8）自动扶梯电气原理图、接线图基本知识		
	2-5 安全防护知识	（1）现场文明生产要求	现场文明生产要求	（1）方法：讲授法、实训（练习）法、案例教学法 （2）重点：现场文明生产要求	1.5

续表

模块	课程	学习单元	课程内容	培训建议	课堂学时
2. 基础知识	2–5 安全防护知识	（2）安全、环保与消防知识	1）电梯安装维修安全操作规范、危险源识别与劳动保护知识	（1）方法：讲授法、实训（练习）法、案例教学法 （2）重点：电梯安装维修安全操作规范	5.5
			2）现场急救知识		
			3）安全装置及安全操作规程		
			4）环境保护知识		
			5）施工安全及消防知识		
	2–6 质量管理知识	质量管理知识	1）质量管理的概念	（1）方法：讲授法 （2）重点：电梯安装维修质量管理的基本方法	2
			2）电梯安装维修质量管理的基本方法		
3. 法律法规及技术规范与标准	相关法律法规及技术规范与标准	（1）相关法律法规	1）《中华人民共和国劳动法》相关知识	（1）方法：讲授法 （2）重点：《中华人民共和国安全生产法》相关知识	1
			2）《中华人民共和国劳动合同法》相关知识		
			3）《中华人民共和国安全生产法》相关知识		
			4）《中华人民共和国特种设备安全法》相关知识		
		（2）相关技术规范与标准	1）《电梯监督检验和定期检验规则》相关知识	（1）方法：讲授法 （2）重点与难点：《电梯监督检验和定期检验规则》相关知识	3
			2）《电梯维护保养规则》相关知识		
			3）《特种设备使用管理规则》相关知识		
			4）《特种设备制造、安装、改造、维修许可鉴定评审细则》相关知识		
			5）《电梯制造与安装安全规范》相关知识		
			6）《自动扶梯和自动人行道的制造与安装安全规范》相关知识		
			7）《安装于现有建筑物中的新电梯制造与安装安全规范》相关知识		
			8）《电梯技术条件》相关知识		
			9）《电梯试验方法》相关知识		
			10）《电梯安装验收规范》相关知识		
			11）《电梯、自动扶梯、自动人行道术语》相关知识		
课堂学时合计					100

2.2.2 五级 / 初级职业技能培训课程规范

<table>
<tr><th>模块</th><th>课程</th><th>学习单元</th><th>课程内容</th><th>培训建议</th><th>课堂学时</th></tr>
<tr><td rowspan="22">1. 安装调试</td><td rowspan="8">1–1 机房设备安装调试</td><td rowspan="3">（1）限速器的安装</td><td>1）限速器的作用</td><td rowspan="3">（1）方法：讲授法、实训（练习）法
（2）重点：限速器的安装与调整</td><td rowspan="3">2</td></tr>
<tr><td>2）限速器位置的确认方法</td></tr>
<tr><td>3）限速器的安装方法及要求</td></tr>
<tr><td rowspan="5">（2）机房电气接线</td><td>1）机房接线图识读</td><td rowspan="5">（1）方法：讲授法、实训（练习）法
（2）重点：线槽、线管的敷设
（3）难点：线槽、线管内电线电缆的敷设</td><td rowspan="5">4</td></tr>
<tr><td>2）机房线槽、线管的敷设方法及要求</td></tr>
<tr><td>3）线槽、线管内电线电缆的敷设方法及要求</td></tr>
<tr><td>4）线槽、线管的接地保护</td></tr>
<tr><td>5）接线、接线端子的压接、紧固方法及要求</td></tr>
<tr><td rowspan="15">1–2 井道设备安装调试</td><td rowspan="2">（1）层站召唤、显示装置部件的安装</td><td>1）层站召唤、显示装置安装位置的确认方法</td><td rowspan="2">（1）方法：讲授法、实训（练习）法
（2）重点：层站召唤、显示装置的安装</td><td rowspan="2">2</td></tr>
<tr><td>2）层站召唤、显示装置的安装要求</td></tr>
<tr><td rowspan="2">（2）井道接线盒的安装</td><td>1）井道接线盒的作用</td><td rowspan="2">（1）方法：讲授法、实训（练习）法
（2）重点：井道接线盒的安装方法及要求</td><td rowspan="2">2</td></tr>
<tr><td>2）井道接线盒的安装方法及要求</td></tr>
<tr><td rowspan="3">（3）限速器张紧装置的安装调试</td><td>1）限速器张紧装置的类型及作用</td><td rowspan="3">（1）方法：讲授法、实训（练习）法
（2）重点与难点：限速器张紧装置的安装与调整</td><td rowspan="3">2</td></tr>
<tr><td>2）限速器张紧装置的安装方法及要求</td></tr>
<tr><td>3）限速器张紧装置的调整</td></tr>
<tr><td rowspan="8">（4）层门部件的安装</td><td>1）电焊机的使用方法及要求</td><td rowspan="8">（1）方法：讲授法、实训（练习）法
（2）重点与难点：层门系统部件的安装</td><td rowspan="8">8</td></tr>
<tr><td>2）电锤钻的使用方法及要求</td></tr>
<tr><td>3）层门系统的结构</td></tr>
<tr><td>4）层门系统部件的安装</td></tr>
<tr><td>5）层门地坎的安装</td></tr>
<tr><td>6）层门门套的安装</td></tr>
<tr><td>7）层门悬挂装置的安装</td></tr>
<tr><td>8）层门门扇及开锁装置的安装</td></tr>
</table>

续表

模块	课程	学习单元	课程内容	培训建议	课堂学时
1. 安装调试	1-3 轿厢对重设备安装调试	(1) 轿厢部件的安装调试	1）手拉葫芦起吊轿架部件的方法	（1）方法：讲授法、实训（练习）法 （2）重点：轿底部件的安装方法及要求 （3）难点：手拉葫芦起吊轿架部件的方法	8
			2）轿底部件的安装方法及要求		
			3）轿顶的安装与调整		
			4）轿厢围壁的安装与调整		
			5）轿内操纵箱的安装与调整		
			6）装饰吊顶的安装与调整		
			7）风机的安装		
			8）照明设备的安装		
		(2) 轿厢导靴的安装	1）轿厢导靴的类型及作用	（1）方法：讲授法、实训（练习）法 （2）重点：轿厢导靴的安装	2
			2）轿厢导靴的安装方法		
		(3) 轿顶电气部件接线	1）轿顶电气接线图的识读	（1）方法：讲授法、实训（练习）法 （2）重点：轿顶线缆的敷设方法及要求	3
			2）轿顶线缆的敷设方法及要求		
			3）轿顶风机、照明设备的接线方法及要求		
	1-4 自动扶梯设备安装调试	(1) 塞尺、抛光机的使用	1）塞尺的使用方法	（1）方法：讲授法、实训（练习）法 （2）重点：抛光机的作用及使用方法	1
			2）抛光机的作用及使用方法		
		(2) 护壁板的安装调试	1）护壁板的类型及作用	（1）方法：讲授法、实训（练习）法 （2）重点与难点：护壁板的安装及间隙、平整度的调整	2
			2）护壁板的安装方法及要求		
			3）护壁板间隙和平整度的调整		
		(3) 内外盖板的安装调试	1）内外盖板的安装方法及要求	（1）方法：讲授法、实训（练习）法 （2）重点与难点：内外盖板的安装及间隙、平整度的调整	2
			2）内外盖板间隙和平整度的调整		

续表

模块	课程	学习单元	课程内容	培训建议	课堂学时
1. 安装调试	1–4 自动扶梯设备安装调试	（4）扶手导轨的安装调试	1）扶手导轨的类型及作用 2）扶手导轨的安装方法及要求 3）扶手导轨间隙和平整度的调整	（1）方法：讲授法、实训（练习）法 （2）重点与难点：扶手导轨的安装及间隙、平整度的调整	2
		（5）防护装置的安装	1）防攀爬装置的安装方法及要求 2）防护挡板的安装方法 3）防夹装置的安装方法	（1）方法：讲授法、实训（练习）法 （2）重点：防攀爬装置的安装方法	2
2. 诊断修理	2–1 机房设备诊断修理	（1）困人救援	1）困人救援规范 2）机房内确认轿厢开锁区域的方法 3）手动紧急操作装置的使用方法 4）紧急电动运行操作装置的使用方法 5）三角钥匙的使用方法及使用规范	（1）方法：讲授法、实训（练习）法 （2）重点：三角钥匙的使用方法及使用规范 （3）难点：手动紧急操作装置的使用方法	4
		（2）主电源故障的诊断	1）万用表的使用方法 2）电梯主电源断相诊断及修复方法 3）电梯主电源错相诊断及修复方法 4）主断路器的故障诊断、更换及接线	（1）方法：讲授法、实训（练习）法 （2）重点与难点：主断路器的故障诊断、更换及接线	2
	2–2 井道设备诊断修理	（1）井道位置信息装置的更换	1）进入轿顶的操作安全注意事项 2）井道位置信息装置的作用及要求 3）井道位置信息装置的拆除 4）井道位置信息装置的安装、检查及调整	（1）方法：讲授法、实训（练习）法 （2）重点：进入轿顶的操作安全注意事项	2
		（2）层门、轿门导向装置故障的排除	1）层门、轿门地坎导向装置的拆除、安装及调整 ①层门、轿门地坎导向装置的拆除 ②层门、轿门地坎导向装置的安装 ③层门、轿门地坎导向装置的调整	（1）方法：讲授法、实训（练习）法 （2）重点与难点：层门、轿门门导轨异物排除方法	2

续表

模块	课程	学习单元	课程内容	培训建议	课堂学时
2. 诊断修理	2–2 井道设备诊断修理	（2）层门、轿门导向装置故障的排除	2）层门、轿门地坎槽异物排除方法	（1）方法：讲授法、实训（练习）法 （2）重点与难点：层门、轿门门导轨异物排除方法	2
			3）层门、轿门门导轨异物排除方法		
	2–3 轿厢对重设备诊断修理	（1）轿内按钮、显示装置的更换	1）轿内按钮、显示装置的拆卸	（1）方法：讲授法、实训（练习）法 （2）重点与难点：轿内按钮、显示装置的拆装	2
			2）轿内按钮、显示装置的安装与检查		
		（2）电梯轿厢照明设备、应急照明设备的更换	1）轿厢照明设备、应急照明设备要求	（1）方法：讲授法、实训（练习）法 （2）重点与难点：电梯装饰吊顶及轿厢照明设备、应急照明设备的拆装	2
			2）电梯装饰吊顶及轿厢照明设备、应急照明设备的拆卸		
			3）电梯装饰吊顶及轿厢照明设备、应急照明设备的安装与检查		
	2–4 自动扶梯设备诊断修理	（1）自动扶梯运行方向显示部件的更换	1）自动扶梯运行方向显示部件要求	（1）方法：讲授法、实训（练习）法 （2）重点与难点：自动扶梯运行方向显示部件的拆装	2
			2）自动扶梯运行方向显示部件的拆卸		
			3）自动扶梯运行方向显示部件的安装与检查		
		（2）梳齿板异物卡阻故障的诊断与修理	1）梳齿或梳齿板的拆卸	（1）方法：讲授法、实训（练习）法 （2）重点与难点：梳齿板异物排除方法	2
			2）梳齿板异物排除方法		
			3）梳齿或梳齿板的安装		
			4）梳齿或梳齿板尺寸的调整		
		（3）扶手带导轨异物卡阻故障的诊断与修理	1）扶手带张紧装置的松弛方法	（1）方法：讲授法、实训（练习）法 （2）重点：扶手带张紧装置松弛的方法 （3）难点：扶手带在扶手导轨上的拆装	3
			2）从扶手导轨上拆扶手带的方法		
			3）扶手带导轨异物排除方法		
			4）在扶手导轨上安装扶手带的方法		
			5）扶手带的张紧要求及调整方法		

续表

模块	课程	学习单元	课程内容	培训建议	课堂学时
3. 维护保养	3-1 机房设备维护保养	（1）编码器的维护保养	1）编码器的作用	（1）方法：讲授法、实训（练习）法 （2）重点：编码器的维护保养要求	2
			2）编码器的维护保养要求		
			3）编码器的检查与调整		
		（2）机房电气设备的维护保养	1）控制柜的维护保养要求	（1）方法：讲授法、实训（练习）法 （2）重点与难点：机房电气设备接线端子的维护保养	2
			2）控制柜的检查、清洁及其接线端子的紧固		
			3）机房其他电气设备接线端子的检查与紧固		
		（3）限速器销轴的润滑	1）限速器装置的形式	（1）方法：讲授法、实训（练习）法 （2）重点：限速器销轴的润滑	2
			2）限速器润滑油品要求		
			3）限速器销轴润滑要求		
			4）限速器销轴的润滑方法		
	3-2 井道设备维护保养	（1）层门自动关闭装置的维护保养	1）层门自动关闭装置的形式及保养要求	（1）方法：讲授法、实训（练习）法 （2）重点与难点：层门自动关闭装置的维护保养	1
			2）层门自动关闭装置的检查与调整		
		（2）对重块的维护保养	1）平衡系数的含义、要求	（1）方法：讲授法、实训（练习）法 （2）重点：对重块压板的维护保养	3
			2）对重块数量的检查		
			3）对重块压板的检查与紧固		
		（3）层门的维护保养	1）层门与相关部件的间隙要求	（1）方法：讲授法、实训（练习）法 （2）重点：层门间隙的检查与调整	2
			2）层门间隙的检查与调整		
		（4）层门锁紧装置的维护保养	1）紧急开锁装置的检查与调整	（1）方法：讲授法、实训（练习）法 （2）重点与难点：层门锁紧装置机械、电气维护保养	2
			2）层门锁紧装置机械、电气维护保养要求		
			3）层门锁紧装置机械、电气检查与调整		

续表

模块	课程	学习单元	课程内容	培训建议	课堂学时
3. 维护保养	3–3 轿厢对重设备维护保养	(1) 开关门防夹人保护装置的维护保养	1) 关门时异物阻挡保护装置的作用与类型	(1) 方法: 讲授法、实训(练习)法 (2) 重点与难点: 关门时异物阻挡保护装置与防夹人保护装置的功能试验、检查及调整	2
			2) 关门时异物阻挡保护装置的维护保养要求		
			3) 关门防夹人保护装置的功能试验、检查及调整		
		(2) 轿顶电气装置的维护保养	1) 轿顶控制装置(检修开关)的维护保养要求	(1) 方法: 讲授法、实训(练习)法 (2) 重点与难点: 轿顶控制装置的维护保养要求	2
			2) 轿顶停止装置的维护保养要求		
			3) 轿顶控制装置、轿顶停止装置的检查		
		(3) 平层准确度的测量与判断	1) 平层准确度的要求	(1) 方法: 讲授法、实训(练习)法 (2) 重点: 平层准确度的测量	2
			2) 平层准确度的测量		
			3) 平层准确度的判断		
		(4) 轿内操纵箱的检查	1) 轿内操纵箱的维护保养要求	(1) 方法: 讲授法、实训(练习)法 (2) 重点: 轿内对讲系统、报警装置功能的检查 (3) 难点: 轿内操纵箱的维护保养要求	2
			2) 轿内报警装置功能的检查		
			3) 轿内对讲系统功能的检查		
			4) 轿内显示和指令按钮功能的检查		
			5) 读卡器(IC 卡)系统功能的检查		
		(5) 导轨润滑系统的维护保养	1) 导轨润滑保养要求	(1) 方法: 讲授法、实训(练习)法 (2) 重点与难点: 导轨润滑装置的检查与维护	2
			2) 导轨润滑装置的检查与维护		
			3) 导轨润滑装置的油量检查		

续表

模块	课程	学习单元	课程内容	培训建议	课堂学时
3. 维护保养	3–4 自动扶梯设备维护保养	（1）自动扶梯盖板、护罩的开启	1）自动扶梯上下机房盖板的开启 2）自动扶梯各驱动和转向站、电动机通风口护罩的开启	（1）方法：讲授法、实训（练习）法 （2）重点：自动扶梯上下机房盖板的开启	2
		（2）自动扶梯防护装置的维护保养	1）自动扶梯防夹装置的检查与调整 2）自动扶梯防攀爬装置的检查与调整	（1）方法：讲授法、实训（练习）法 （2）重点：自动扶梯防夹装置的检查与调整	2
		（3）自动扶梯主驱动链的检查	1）自动扶梯主驱动链的维护保养要求 2）自动扶梯主驱动链功能的检查	（1）方法：讲授法、实训（练习）法 （2）重点与难点：自动扶梯主驱动链功能的检查	2
		（4）自动扶梯显示、操作装置的检查	1）自动扶梯运行方向状态显示装置功能的检查 2）自动扶梯启动开关功能的检查 3）自动扶梯停止开关功能的检查 4）检修控制装置功能的检查	（1）方法：讲授法、实训（练习）法 （2）重点：自动扶梯停止开关功能的检查	2
		（5）自动润滑装置油位检查与维护	1）梯级链油品要求 2）梯级链自动润滑装置油位检查 3）梯级链自动润滑装置油位维护	（1）方法：讲授法、实训（练习）法 （2）重点与难点：自动润滑装置油位检查与维护	2
		（6）梯级与相关部件间隙的测量	1）梯级与相关部件的间隙要求 2）梯级间隙的测量 3）梯级与梳齿板间隙的测量 4）梯级与围裙板间隙的测量 5）梳齿板梳齿与梯级踏板面齿槽间隙的测量	（1）方法：讲授法、实训（练习）法 （2）重点：梳齿板梳齿与梯级踏板面齿槽间隙的测量 （3）难点：梯级与梳齿板间隙的测量	3
课堂学时合计					100

2.2.3 四级 / 中级职业技能培训课程规范

<table>
<tr><th>模块</th><th>课程</th><th>学习单元</th><th>课程内容</th><th>培训建议</th><th>课堂学时</th></tr>
<tr><td rowspan="27">1. 安装调试</td><td rowspan="13">1-1 机房设备安装调试</td><td rowspan="7">（1）曳引机、承重钢梁、夹绳器的安装调试</td><td>1）曳引机系统的安装工艺及要求</td><td rowspan="7">（1）方法：讲授法、实训（练习）法
（2）重点与难点：手拉葫芦吊曳引机的方法及安全注意事项</td><td rowspan="7">8</td></tr>
<tr><td>2）手拉葫芦吊曳引机的方法及安全注意事项</td></tr>
<tr><td>3）承重钢梁位置的确认</td></tr>
<tr><td>4）承重钢梁的安装与调整</td></tr>
<tr><td>5）曳引机的安装</td></tr>
<tr><td>6）曳引机座及导向轮的安装</td></tr>
<tr><td>7）夹绳器的安装与调整</td></tr>
<tr><td rowspan="3">（2）控制柜的安装与接线</td><td>1）控制柜接线图的识读</td><td rowspan="3">（1）方法：讲授法、实训（练习）法
（2）重点与难点：控制柜的安装及接线</td><td rowspan="3">4</td></tr>
<tr><td>2）控制柜的安装及接线要求</td></tr>
<tr><td>3）控制柜的安装及接线方法</td></tr>
<tr><td rowspan="3">（3）自锁紧楔形绳套的制作</td><td>1）自锁紧楔形绳套的形式及原理</td><td rowspan="3">（1）方法：讲授法、实训（练习）法
（2）重点与难点：自锁紧楔形绳套与钢丝绳结合制作</td><td rowspan="3">2</td></tr>
<tr><td>2）自锁紧楔形绳套与钢丝绳结合制作要求</td></tr>
<tr><td>3）自锁紧楔形绳套与钢丝绳结合制作</td></tr>
<tr><td rowspan="14">1-2 井道设备安装调试</td><td rowspan="3">（1）土建勘测与复核</td><td>1）土建布置图的识读</td><td rowspan="3">（1）方法：讲授法、实训（练习）法
（2）重点与难点：土建布置图的识读</td><td rowspan="3">4</td></tr>
<tr><td>2）机房土建尺寸的测量与复核</td></tr>
<tr><td>3）井道、层站土建尺寸的测量与复核</td></tr>
<tr><td rowspan="6">（2）样板架的设置与定位</td><td>1）样板架的设置要求</td><td rowspan="6">（1）方法：讲授法、实训（练习）法
（2）重点与难点：样板架及样线的定位与调整</td><td rowspan="6">4</td></tr>
<tr><td>2）导轨校正工装放线图的识读</td></tr>
<tr><td>3）上样板架的设置</td></tr>
<tr><td>4）样线的设置</td></tr>
<tr><td>5）下样板架的设置</td></tr>
<tr><td>6）样板架及样线的定位与调整</td></tr>
<tr><td rowspan="5">（3）层门部件的安装调试</td><td>1）层门系统的安装工艺及要求</td><td rowspan="5">（1）方法：讲授法、实训（练习）法
（2）重点与难点：层门系统的安装工艺及安装要求</td><td rowspan="5">4</td></tr>
<tr><td>2）层门地坎的定位与调整</td></tr>
<tr><td>3）层门门套的定位与调整</td></tr>
<tr><td>4）悬挂装置的定位与调整</td></tr>
<tr><td>5）层门门扇及开锁装置的调整</td></tr>
</table>

续表

<table>
<tr><th>模块</th><th>课程</th><th>学习单元</th><th>课程内容</th><th>培训建议</th><th>课堂学时</th></tr>
<tr><td rowspan="16">1. 安装调试</td><td rowspan="16">1–2　井道设备安装调试</td><td rowspan="2">（4）井道位置信息装置的定位与安装</td><td>1）井道位置信息装置的定位</td><td rowspan="2">（1）方法：讲授法、实训（练习）法
（2）重点：井道位置信息装置的定位与安装</td><td rowspan="2">2</td></tr>
<tr><td>2）井道位置信息装置的安装</td></tr>
<tr><td rowspan="2">（5）缓冲器的定位与安装</td><td>1）缓冲器的定位</td><td rowspan="2">（1）方法：讲授法、实训（练习）法
（2）重点：缓冲器的定位与安装</td><td rowspan="2">2</td></tr>
<tr><td>2）缓冲器的安装</td></tr>
<tr><td rowspan="3">（6）导轨的安装调试</td><td>1）导轨校正工装的使用方法</td><td rowspan="3">（1）方法：讲授法、实训（练习）法
（2）重点与难点：导轨校正工装的使用方法</td><td rowspan="3">4</td></tr>
<tr><td>2）导轨的安装方法及要求</td></tr>
<tr><td>3）轿厢、对重导轨的安装与调整</td></tr>
<tr><td rowspan="3">（7）曳引钢丝绳的安装</td><td>1）钢丝绳的装卸、搬运和保管要求</td><td rowspan="3">（1）方法：讲授法、实训（练习）法
（2）重点：钢丝绳的解开要求</td><td rowspan="3">4</td></tr>
<tr><td>2）钢丝绳的解开要求</td></tr>
<tr><td>3）1 : 1 悬挂比的电梯曳引钢丝绳安装</td></tr>
<tr><td rowspan="3">（8）井道电缆的安装</td><td>1）井道固定电缆的安装要求</td><td rowspan="3">（1）方法：讲授法、实训（练习）法
（2）重点与难点：井道固定电缆、随行电缆的安装</td><td rowspan="3">2</td></tr>
<tr><td>2）井道随行电缆的安装要求</td></tr>
<tr><td>3）井道固定电缆、随行电缆的安装方法</td></tr>
<tr><td rowspan="3">（9）补偿装置的安装调试</td><td>1）补偿装置的安装要求</td><td rowspan="3">（1）方法：讲授法、实训（练习）法
（2）重点与难点：补偿链（缆、绳）的安装与调整方法</td><td rowspan="3">2</td></tr>
<tr><td>2）补偿链（缆、绳）的安装与调整方法</td></tr>
<tr><td>3）补偿缆导向装置的安装与调整方法</td></tr>
</table>

续表

模块	课程	学习单元	课程内容	培训建议	课堂学时
1. 安装调试	1-3 轿厢对重设备安装调试	(1) 轿厢架的安装调试	1）轿厢架的安装方法及要求	(1) 方法：讲授法、实训（练习）法 (2) 重点与难点：轿厢架的安装与调整	4
			2）轿厢架的调整		
		(2) 轿底及轿厢地坎的安装调试	1）轿底的安装方法及要求	(1) 方法：讲授法、实训（练习）法 (2) 重点与难点：轿底的安装与调整	4
			2）轿底的调整		
			3）轿厢地坎的安装与调整		
		(3) 对重装置的安装	1）对重架的安装方法	(1) 方法：讲授法、实训（练习）法 (2) 重点与难点：对重架的安装	4
			2）对重导靴的安装方法及要求		
			3）对重铁的数量确定方法及安装方法		
			4）对重附件的安装方法		
		(4) 轿厢开门机构、门扇的安装调试	1）轿厢开门机构的安装方法及要求	(1) 方法：讲授法、实训（练习）法 (2) 重点与难点：轿厢开门机构的安装与调整	4
			2）轿厢开门机构的调整		
			3）轿门门扇的安装方法及要求		
			4）轿门门扇的调整		
		(5) 轿顶护栏的安装	1）轿顶护栏的安装要求	(1) 方法：讲授法、实训（练习）法 (2) 重点：轿顶护栏的安装	1
			2）轿顶护栏的安装方法		
		(6) 轿顶电气部件的安装	1）轿顶电气部件接线图的识读	(1) 方法：讲授法、实训（练习）法 (2) 重点：轿顶电气部件接线图的识读 (3) 难点：轿顶电气部件接线	3
			2）轿顶电气部件的安装要求		
			3）轿顶接线箱、检修盒的安装		
			4）轿顶电气部件接线		
			5）轿顶与轿内操纵箱电气接线		

续表

模块	课程	学习单元	课程内容	培训建议	课堂学时
1. 安装调试	1–4 自动扶梯设备安装调试	（1）围裙板的安装	1）围裙板的安装要求 2）围裙板的安装方法	（1）方法：讲授法、实训（练习）法 （2）重点与难点：围裙板的安装	2
		（2）扶手带及其导向件、张紧装置的安装调试	1）扶手带的安装 2）扶手带导向件的安装 3）扶手带张紧装置的安装	（1）方法：讲授法、实训（练习）法 （2）重点与难点：扶手带张紧装置的安装	4
		（3）梯级的安装调试	1）梯级的安装方法及要求 2）梯级的调整	（1）方法：讲授法、实训（练习）法 （2）重点与难点：梯级的安装	2
		（4）土建勘测与复核	1）自动扶梯土建布置图的识读 2）自动扶梯土建尺寸的测量与判断	（1）方法：讲授法、实训（练习）法 （2）重点：自动扶梯土建尺寸的测量与判断	4
2. 诊断修理	2–1 机房设备诊断修理	（1）电气安全回路故障的排除	1）电气安全回路图的识读 2）电气安全回路故障的诊断 3）电气安全回路故障的修理	（1）方法：讲授法、实训（练习）法 （2）重点：电气安全回路图的识读 （3）难点：电气安全回路故障的诊断	3
		（2）门锁回路故障的排除	1）门锁回路图的识读 2）门锁回路故障的诊断 3）门锁回路故障的修理	（1）方法：讲授法、实训（练习）法 （2）重点与难点：门锁回路故障的诊断	3

续表

模块	课程	学习单元	课程内容	培训建议	课堂学时
2. 诊断修理	2–1 机房设备诊断修理	(3) 制动器控制回路故障的排除	1) 制动器控制回路图的识读	(1) 方法: 讲授法、实训(练习)法 (2) 重点与难点: 制动器控制回路故障的诊断	3
			2) 制动器控制回路故障的诊断		
			3) 制动器控制回路故障的修理		
		(4) 电梯电气回路的绝缘性能测试	1) 绝缘电阻测试仪的使用方法	(1) 方法: 讲授法、实训(练习)法 (2) 重点与难点: 电梯导电回路的绝缘性能测试及判断	3
			2) 电梯导电回路的绝缘电阻要求		
			3) 电梯导电回路的绝缘性能测试方法		
			4) 电梯主回路、电源回路、控制回路、信号回路的绝缘性能测试及判断		
		(5) 限速器－安全钳联动试验	1) 限速器－安全钳联动试验方法	(1) 方法: 讲授法、实训(练习)法 (2) 重点与难点: 限速器－安全钳联动试验及电梯安全性能判断	2
			2) 限速器－安全钳联动试验要求		
			3) 限速器－安全钳联动试验及电梯安全性能判断		
		(6) 上行超速保护装置动作试验	1) 上行超速保护装置动作试验方法	(1) 方法: 讲授法、实训(练习)法 (2) 重点与难点: 上行超速保护装置动作试验及电梯安全性能判断	2
			2) 上行超速保护装置动作试验要求		
			3) 上行超速保护装置动作试验及电梯安全性能判断		

续表

模块	课程	学习单元	课程内容	培训建议	课堂学时
2. 诊断修理	2-1 机房设备诊断修理	(7) 空载曳引力、制动力试验	1）空载曳引力、制动力试验方法	(1) 方法: 讲授法、实训(练习)法 (2) 重点与难点: 空载曳引力、制动力试验及电梯安全性能判断	2
			2）空载曳引力、制动力试验要求		
			3）空载曳引力、制动力试验及电梯安全性能判断		
		(8) 限速器动作速度校验	1）限速器校验仪的使用方法	(1) 方法: 讲授法、实训(练习)法 (2) 重点与难点: 限速器动作速度校验	2
			2）限速器动作速度校验要求		
			3）限速器动作速度校验方法		
		(9) 控制系统电气部件故障的排除	1）控制系统电气线路图的识读	(1) 方法: 讲授法、实训(练习)法 (2) 重点与难点: 控制系统电气部件故障的诊断	3
			2）控制系统电气部件故障的诊断		
			3）控制系统电气部件故障的修理		
		(10) 电梯方向、选层逻辑控制故障的排除	1）电梯方向、选层逻辑控制线路图的识读	(1) 方法: 讲授法、实训(练习)法 (2) 重点与难点: 电梯方向、选层逻辑控制故障的诊断	3
			2）电梯方向、选层逻辑控制故障的诊断		
			3）电梯方向、选层逻辑控制故障的修理		
	2-2 井道设备诊断修理	(1) 层门门扇联动与悬挂机构故障的排除	1）层门门扇联动与悬挂机构的结构和原理	(1) 方法: 讲授法、实训(练习)法 (2) 重点与难点: 层门门扇联动与悬挂机构故障的诊断	4
			2）层门门扇联动与悬挂机构故障的诊断		
			3）层门悬挂机构部件的拆卸		
			4）层门悬挂机构部件的安装与调整		

续表

模块	课程	学习单元	课程内容	培训建议	课堂学时
2. 诊断修理	2-2 井道设备诊断修理	(2) 井道位置信号设备故障的排除	1）井道位置信号设备的结构和原理 2）井道位置信号设备电气接线图的识读 3）井道位置信号设备故障的诊断 4）井道位置信号设备部件的拆卸 5）井道位置信号设备部件的安装与调整	(1) 方法：讲授法、实训（练习）法 (2) 重点与难点：井道位置信号设备故障的诊断	2
		(3) 内外呼信号设备故障的排除	1）内外呼信号设备的结构和原理 2）内外呼信号设备电气接线图的识读 3）内外呼信号设备故障的诊断 4）内外呼信号设备部件的拆卸 5）内外呼信号设备部件的安装与检查	(1) 方法：讲授法、实训（练习）法 (2) 重点与难点：内外呼信号设备故障的诊断	2
		(4) 上、下极限开关位置的检查与调整	1）上、下极限开关位置要求 2）上、下极限开关位置的检查与调整方法	(1) 方法：讲授法、实训（练习）法 (2) 重点与难点：上、下极限开关位置的检查与调整方法	2
	2-3 轿厢对重设备诊断修理	(1) 轿门门扇联动机构故障的排除	1）轿门门扇联动机构的结构和原理 2）轿门门扇联动机构故障的诊断 3）轿门门扇联动机构部件的拆卸 4）轿门门扇联动机构部件的安装与调整	(1) 方法：讲授法、实训（练习）法 (2) 重点与难点：轿门门扇联动机构故障的诊断	4

续表

模块	课程	学习单元	课程内容	培训建议	课堂学时
2. 诊断修理	2-3 轿厢对重设备诊断修理	（2）门机机械装置故障的排除	1）门机机械装置开关门原理 2）门机机械装置开关门故障的诊断 3）门机机械装置开关门部件的拆卸 4）门机机械装置开关门部件的安装与调整	（1）方法：讲授法、实训（练习）法 （2）重点与难点：门机机械装置开关门故障的诊断	4
		（3）轿门悬挂机构故障的排除	1）轿门悬挂机构的结构和原理 2）轿门悬挂机构故障的诊断 3）轿门悬挂机构部件的拆卸 4）轿门悬挂机构部件的安装与调整	（1）方法：讲授法、实训（练习）法 （2）重点与难点：轿门悬挂机构故障的诊断	4
		（4）门刀的安装、检查与调整	1）门刀的安装要求 2）门刀的检查 3）门刀的调整	（1）方法：讲授法、实训（练习）法 （2）重点与难点：门刀的检查与调整	2
		（5）轿门门锁装置的安装、检查与调整	1）轿门门锁机械装置的安装要求 2）轿门门锁电气装置的安装要求 3）轿门门锁机械、电气装置的检查与调整	（1）方法：讲授法、实训（练习）法 （2）重点与难点：轿门门锁机械、电气装置检查与调整	2
	2-4 自动扶梯设备诊断修理	（1）自动扶梯电气安全回路故障的排除	1）自动扶梯电气安全回路图的识读 2）自动扶梯电气安全回路故障的诊断 3）接线端子的紧固 4）安全开关的拆卸、安装及调整	（1）方法：讲授法、实训（练习）法 （2）重点与难点：自动扶梯电气安全回路故障的诊断	4
		（2）自动扶梯梯路异物卡阻故障的排除	1）自动扶梯梯路的结构和原理 2）自动扶梯梯级振动标准 3）自动扶梯梯级的拆卸 4）自动扶梯梯路检查及异物去除 5）自动扶梯梯级的安装	（1）方法：讲授法、实训（练习）法 （2）重点与难点：梯路检查及异物去除	7

续表

模块	课程	学习单元	课程内容	培训建议	课堂学时
3. 维护保养	3-1 机房设备维护保养	(1) 限速器及其张紧轮的维护保养	1) 限速器及其张紧轮的维护保养要求	(1) 方法:讲授法、实训(练习)法 (2) 重点与难点:限速器及其张紧轮的检查与调整	2
			2) 限速器及其张紧轮的检查与调整		
		(2) 曳引钢丝绳端接装置的维护保养	1) 曳引钢丝绳端接装置的维护保养要求	(1) 方法:讲授法、实训(练习)法 (2) 重点与难点:曳引钢丝绳端接装置的检查与调整	2
			2) 曳引钢丝绳端接装置的检查与调整		
		(3) 制动器监测装置的维护保养	1) 制动器监测装置的维护保养要求	(1) 方法:讲授法、实训(练习)法 (2) 重点与难点:制动器监测装置的检查与调整	2
			2) 制动器监测装置的检查与调整		
		(4) 控制柜仪表及显示装置的维护保养	1) 控制柜仪表及显示装置的维护保养要求	(1) 方法:讲授法、实训(练习)法 (2) 重点与难点:控制柜仪表及显示装置的检查与调整	2
			2) 控制柜仪表及显示装置的检查与调整		
		(5) 曳引轮、导向轮的轮槽磨损检查	1) 曳引轮、导向轮的轮槽磨损极限值标准	(1) 方法:讲授法、实训(练习)法 (2) 重点与难点:曳引轮、导向轮的轮槽磨损检查	2
			2) 曳引轮、导向轮的轮槽磨损检查方法		
			3) 曳引轮、导向轮轮槽磨损程度的判断		

续表

模块	课程	学习单元	课程内容	培训建议	课堂学时
3. 维护保养	3–1 机房设备维护保养	（6）曳引钢丝绳的断丝、磨损、变形检查	1）曳引钢丝绳的断丝、磨损极限值标准	（1）方法：讲授法、实训（练习）法 （2）重点与难点：曳引钢丝绳的断丝、磨损、变形检查方法	2
			2）曳引钢丝绳的断丝、磨损、变形检查方法		
			3）曳引钢丝绳断丝、磨损、变形程度的判断		
		（7）电动机与减速箱联轴器螺栓的维护保养	1）电动机与减速箱联轴器介绍	（1）方法：讲授法、实训（练习）法 （2）重点与难点：电动机与减速箱联轴器螺栓的检查与紧固	2
			2）电动机与减速箱联轴器螺栓的紧固要求		
			3）电动机与减速箱联轴器螺栓的检查与紧固		
		（8）减速箱润滑保养	1）减速箱润滑保养要求	（1）方法：讲授法、实训（练习）法 （2）重点：减速箱润滑油的检查与更换	2
			2）减速箱润滑油的检查与更换		
		（9）电梯平衡系数的测量与判断	1）钳形电流表的使用方法	（1）方法：讲授法、实训（练习）法 （2）重点与难点：电流法测试电梯平衡系数	4
			2）电流法测试电梯平衡系数的要求及方法		
			3）电流－载荷曲线表的制作方法		
			4）电梯平衡系数的判断方法		
	3–2 井道设备维护保养	（1）层门的维护保养	1）层门的维护保养要求	（1）方法：讲授法、实训（练习）法 （2）重点：层门各部件的检查与调整	2
			2）层门各部件的检查与调整		
		（2）补偿链（缆、绳）的维护保养	1）补偿链（缆、绳）的维护保养要求	（1）方法：讲授法、实训（练习）法 （2）重点与难点：补偿链（缆、绳）的检查与调整	2
			2）补偿链（缆、绳）的检查与调整		
		（3）随行电缆的维护保养	1）随行电缆的维护保养要求	（1）方法：讲授法、实训（练习）法 （2）重点：随行电缆的检查与调整	2
			2）随行电缆的检查与调整		

续表

模块	课程	学习单元	课程内容	培训建议	课堂学时
3. 维护保养	3-2 井道设备维护保养	（4）曳引钢丝绳公称直径的测量与判断	1）游标卡尺的使用方法	（1）方法：讲授法、实训（练习）法 （2）重点：曳引钢丝绳公称直径的测量	2
			2）曳引钢丝绳公称直径的磨损极限值要求		
			3）曳引钢丝绳公称直径的测量与判断方法		
		（5）钢丝绳张力测量及张力差调整	1）拉力计的使用方法	（1）方法：讲授法、实训（练习）法 （2）重点与难点：钢丝绳张力差的调整	4
			2）钢丝绳张力的测量方法		
			3）钢丝绳张力差的计算方法		
			4）钢丝绳张力差要求		
			5）钢丝绳张力差的调整方法		
	3-3 轿厢对重设备维护保养	（1）导靴间隙的检查与调整	1）导靴的种类和形式	（1）方法：讲授法、实训（练习）法 （2）重点：导靴的保养要求 （3）难点：导靴靴衬的更换	2
			2）导靴的维护保养要求 ①刚性滑动导靴的维护保养要求 ②弹性滑动导靴的维护保养要求 ③滚轮（动）导靴的保养要求		
			3）导靴间隙的检查与调整		
			4）滑动、滚轮导靴靴衬的更换		
		（2）门机机械装置的维护保养	1）门机机械装置的结构	（1）方法：讲授法、实训（练习）法 （2）重点与难点：门机机械装置的检查与调整	2
			2）门机机械装置的维护保养要求		
			3）门机机械装置的检查与调整		
		（3）轿门门锁及其电气开关的维护保养	1）轿门机械锁的维护保养要求	（1）方法：讲授法、实训（练习）法 （2）重点与难点：轿门门锁及其电气开关的检查与调整	2
			2）轿门门锁电气开关的维护保养要求		
			3）轿门门锁及其电气开关的检查与调整		
		（4）电梯运行噪声的测量与判断	1）声级计的使用方法	（1）方法：讲授法、实训（练习）法 （2）重点：电梯运行噪声的测量与判断方法	2
			2）电梯运行噪声标准		
			3）电梯运行噪声的测量方法		
			4）电梯运行噪声的判断方法		

续表

<table>
<tr><th>模块</th><th>课程</th><th>学习单元</th><th>课程内容</th><th>培训建议</th><th>课堂学时</th></tr>
<tr><td rowspan="15">3. 维护保养</td><td rowspan="15">3-4 自动扶梯设备维护保养</td><td rowspan="3">（1）扶手带系统的维护保养</td><td>1）扶手带系统的结构</td><td rowspan="3">（1）方法：讲授法、实训（练习）法
（2）重点：扶手带系统的检查与调整</td><td rowspan="3">2</td></tr>
<tr><td>2）扶手带系统的维护保养要求</td></tr>
<tr><td>3）扶手带系统的检查与调整</td></tr>
<tr><td rowspan="3">（2）主驱动链、扶手驱动链的维护保养</td><td>1）主驱动链、扶手驱动链的结构</td><td rowspan="3">（1）方法：讲授法、实训（练习）法
（2）重点与难点：主驱动链、扶手驱动链的检查、调整及润滑</td><td rowspan="3">4</td></tr>
<tr><td>2）主驱动链、扶手驱动链润滑保养要求</td></tr>
<tr><td>3）主驱动链、扶手驱动链的检查、调整及润滑</td></tr>
<tr><td rowspan="3">（3）梯级链润滑装置的维护保养</td><td>1）梯级链润滑装置的结构</td><td rowspan="3">（1）方法：讲授法、实训（练习）法
（2）重点与难点：梯级链润滑装置的检查、调整及润滑</td><td rowspan="3">2</td></tr>
<tr><td>2）梯级链润滑保养要求</td></tr>
<tr><td>3）梯级链润滑装置的检查、调整及润滑</td></tr>
<tr><td rowspan="3">（4）梯级轴衬的维护保养</td><td>1）梯级轴衬的结构</td><td rowspan="3">（1）方法：讲授法、实训（练习）法
（2）重点与难点：梯级轴衬的检查与润滑</td><td rowspan="3">2</td></tr>
<tr><td>2）梯级轴衬润滑保养要求</td></tr>
<tr><td>3）梯级轴衬的检查与润滑</td></tr>
<tr><td rowspan="3">（5）制动器间隙的检查与调整</td><td>1）制动器的结构</td><td rowspan="3">（1）方法：讲授法、实训（练习）法
（2）重点与难点：制动器间隙的检查与调整</td><td rowspan="3">2</td></tr>
<tr><td>2）制动器间隙的要求</td></tr>
<tr><td>3）制动器间隙的检查与调整方法</td></tr>
</table>

续表

模块	课程	学习单元	课程内容	培训建议	课堂学时
3. 维护保养	3-4 自动扶梯设备维护保养	(6) 梯级与相关部件间隙的检查与调整	1）梯级与相关部件间隙的要求 ①梯级间隙的要求 ②梯级与梳齿板间隙的要求 ③梯级与围裙板间隙的要求 ④梳齿与梯级踏板面齿槽间隙的要求	(1) 方法：讲授法、实训（练习）法 (2) 重点：梯级间隙的要求 (3) 难点：梯级与相关部件间隙的调整	4
			2）梯级与相关部件间隙的检查与调整方法 ①梯级间隙的检查与调整方法 ②梯级与梳齿板间隙的检查与调整方法 ③梯级与围裙板间隙的检查与调整方法 ④梳齿与梯级踏板面齿槽间隙的检查与调整方法		
		(7) 自动扶梯制动距离试验及制动性能判断	1）自动扶梯空载、有载向下运行制动距离要求	(1) 方法：讲授法、实训（练习）法 (2) 重点：自动扶梯空载、有载向下运行制动距离试验及制动性能判断	3
			2）自动扶梯制动距离测试仪器的使用方法		
			3）自动扶梯空载、有载向下运行制动距离试验及制动性能判断		
		(8) 梯级滚轮与梯级导轨的维护保养	1）梯级导轨、滚轮的维护保养要求	(1) 方法：讲授法、实训（练习）法 (2) 重点与难点：梯级滚轮的拆卸与装配	4
			2）梯级滚轮的拆卸与装配		
			3）梯级导轨接头台阶的检查与调整		
			4）梯级导轨的检查与清洁		
		(9) 主驱动链及梯级链的维护保养	1）主驱动链及梯级链张紧装置的结构	(1) 方法：讲授法、实训（练习）法 (2) 重点与难点：主驱动链及梯级链张紧程度的检查与调整	2
			2）主驱动链及梯级链张紧要求		
			3）主驱动链及梯级链张紧程度的检查与调整		
		(10) 附加制动器、制动器动作状态监测装置的维护保养	1）附加制动器的结构和功能	(1) 方法：讲授法、实训（练习）法 (2) 重点与难点：附加制动器、制动器监测装置的检查与调整	4
			2）附加制动器、制动器动作状态监测装置的维护保养要求		
			3）附加制动器、制动器监测装置的检查与调整		

续表

模块	课程	学习单元	课程内容	培训建议	课堂学时
3. 维护保养	3-4 自动扶梯设备维护保养	（11）安全开关的维护保养	1）梯级下陷开关的维护保养 ①梯级下陷开关的作用和维护保养要求 ②梯级下陷开关的检查与调整	（1）方法：讲授法、实训（练习）法 （2）重点：各安全开关的检查与调整	8
			2）梯级链异常伸长开关的维护保养 ①梯级链异常伸长开关的作用和维护保养要求 ②梯级链异常伸长开关的检查与调整		
			3）主驱动链异常伸长开关的维护保养 ①主驱动链异常伸长开关的作用和维护保养要求 ②主驱动链异常伸长开关的检查与调整		
			4）梳齿板开关的维护保养 ①梳齿板开关的作用和维护保养要求 ②梳齿板开关的检查与调整		
		（12）可编程安全系统的维护保养	1）超速保护装置的维护保养 ①超速保护装置的作用和维护保养要求 ②超速保护装置的检查与调整	（1）方法：讲授法、实训（练习）法 （2）重点：各可编程安全系统的检查与调整 （3）难点：超速保护装置的检查与调整	6
			2）扶手带速度监控系统的维护保养 ①扶手带速度监控系统的作用和维护保养要求 ②扶手带速度监控系统的检查与调整		
			3）梯级缺失监测装置的维护保养 ①梯级缺失监测装置的作用和维护保养要求 ②梯级缺失监测装置的检查与调整		
课堂学时合计					220

2.2.4　三级 / 高级职业技能培训课程规范

模块	课程	学习单元	课程内容	培训建议	课堂学时
1. 安装调试	1-1　机房设备安装调试	（1）曳引轮与导向轮垂直度、平行度的检查与调整	1）曳引轮、导向轮垂直度的检查与调整要求	（1）方法：项目教学法、实物示教法、实训（练习）法 （2）重点：曳引轮与导向轮的调整 （3）难点：全绕式曳引轮－导向轮绳槽的相对分中	4
			2）曳引轮、导向轮平行度的检查与调整要求		
			3）全绕式系统曳引轮与导向轮平行度的检查与调整要求 ①曳引轮与导向轮的平行偏置要求 ②曳引机组相对轿厢、对重中心的要求 ③全绕式曳引钢丝绳在曳引轮与导向轮上的切角均分		
		（2）检修运行功能的调试	1）检修运行调试前的检查项目	（1）方法：项目教学法、实物示教法、实训（练习）法 （2）重点：检修运行参数与功能的调试 （3）难点：分布式控制集中管理系统合成自学习	16
			2）控制和驱动系统检修运行参数与功能的设置 ①分布式控制集中管理系统合成自学习 ②主控制器运行参数设置 ③变频器输入电源相位的检查与调整 ④电动机参数的输入 ⑤变频器－电动机自学习 ⑥变频器检修运行参数的设置		
			3）轿顶检修运行端站限位装置的安装 ①井道上 / 下端站安全限位装置的安装 ②轿顶检修运行磁开关的安装		

续表

模块	课程	学习单元	课程内容	培训建议	课堂学时
1. 安装调试	1–2 井道设备安装调试	（1）根据土建布置图复核井道的垂直度和各层站门洞位置	1）根据土建布置图对井道尺寸和各层站门洞尺寸进行复核	（1）方法：项目教学法、观摩法、实训（练习）法 （2）重点：实际偏离尺寸的复核 （3）难点：根据多梯的分中线与十字分割线复核各梯土建尺寸	2
			2）同一候梯厅梯群布置的各梯相对尺寸要求 ①梯群布置样板架的整体制作要求 ②各梯在机房和候梯厅尺寸的均分（分中线与十字分割）要求 ③均分后根据样板线对各梯井道与层站门洞相对位置进行测量和复核		
		（2）2∶1悬挂比的电梯曳引钢丝绳的安装	1）2∶1悬挂比的电梯曳引钢丝绳的安装工艺 ①在曳引轮或导向轮与轿顶轮或对重轮呈垂直十字相交状态时曳引钢丝绳组合的旋转方向要求 ②曳引钢丝绳组合在机架绳头板上垂直相交的旋转排序和绳孔的定位方法	（1）方法：项目教学法、观摩法、实物示教法 （2）重点：2∶1悬挂比的电梯曳引钢丝绳安装 （3）难点：曳引钢丝绳安装后的张力调整	24
			2）电梯曳引钢丝绳安装后张力的测量与调整方法		
	1–3 轿厢对重设备安装调试	（1）安全钳、联动机构及导靴的安装与调整	1）导靴的安装与调整方法 ①滑动导靴的安装与调整方法 ②滚轮导靴的安装与调整方法	（1）方法：项目教学法、观摩法、实物示教法、实训（练习）法 （2）重点：安全钳与联动机构的安装与调整 （3）难点：限速器－安全钳与联动机构的试验与测试	16
			2）安全钳与联动机构的安装与调整方法		
			3）限速器－安全钳与联动机构的试验与测试		

续表

模块	课程	学习单元	课程内容	培训建议	课堂学时
1. 安装调试	1–3 轿厢对重设备安装调试	（2）轿门门刀的安装及门刀与门锁滚轮、地坎间隙的调整	1）轿门门刀的安装与调整方法 2）轿门门刀与层门门锁滚轮啮合尺寸的调整方法 3）轿门门刀与层门地坎间隙的调整方法	（1）方法：项目教学法、实物示教法、实训（练习）法 （2）重点：轿门门刀的安装与调整 （3）难点：各啮合尺寸与间隙的调整	4
	1–4 自动扶梯设备安装调试	（1）扶手带运行速度的调试	1）扶手带驱动装置的调整方法 ①扶手带驱动轮与扶手带内侧摩擦中心位置的调整方法 ②扶手带驱动张紧压轮压力的调整方法 ③扶手带导向装置的调整方法 2）扶手带摩擦与张紧装置的调整方法 3）扶手带张力与运行速度的调试方法	（1）方法：项目教学法、实物示教法、实训（练习）法 （2）重点：扶手带张力与运行速度的调试 （3）难点：扶手带摩擦与张紧装置的调整	8
		（2）主电源与控制柜电气线路的安装及主电源的接通	1）主电源与控制柜电气线路的安装方法 2）接地线与桁架的连接要求 3）控制柜接线的电阻检测和绝缘检查 4）控制柜与电源电气线路的接通要求	（1）方法：项目教学法、实训（练习）法 （2）重点：主电源与控制柜电气线路的安装与接通 （3）难点：控制柜接线的电阻检测和绝缘检查方法	6

续表

<table>
<tr><th>模块</th><th>课程</th><th>学习单元</th><th>课程内容</th><th>培训建议</th><th>课堂学时</th></tr>
<tr><td rowspan="10">2. 诊断修理</td><td rowspan="10">2-1 机房设备诊断修理</td><td rowspan="3">（1）使用拉马器等工具更换、调整主机、曳引轮、导向轮、主机减振垫</td><td>1）主机的更换与调整</td><td rowspan="3">（1）方法：项目教学法、演示法、实物示教法、实训（练习）法
（2）重点：曳引轮绳圈的更换
（3）难点：曳引轮绳圈的热套与铰制孔螺栓的铰配</td><td rowspan="3">12</td></tr>
<tr><td>2）主机曳引与导向部件的更换与调整
①曳引轮的更换与调整方法
②曳引轮绳圈的更换与调整方法
③曳引轮绳圈与主轴轮圈的现场热套配合
④曳引轮绳圈与主轴轮圈的铰制孔螺栓的铰配
⑤曳引轮绳圈与主轴体的紧固要求
⑥导向轮的更换与调整方法</td></tr>
<tr><td>3）主机与承重梁减振垫的更换与调整</td></tr>
<tr><td rowspan="3">（2）通过修改驱动参数调整电梯运行抖动、噪声</td><td>1）主控制器和变频器运行参数的设置与修改
①主控制器运行梯形图各参数的设置与修改方法
②变频器 PID 参数的修改与调整方法</td><td rowspan="3">（1）方法：项目教学法、演示法、实训（练习）法
（2）重点与难点：主控制器运行梯形图各参数的设置与修改</td><td rowspan="3">20</td></tr>
<tr><td>2）电梯运行抖动的调整</td></tr>
<tr><td>3）电梯运行噪声的调整</td></tr>
<tr><td rowspan="2">（3）控制柜线路、元件、系统、逻辑控制故障的检查与修理</td><td>1）控制柜内各电气线路与电气元件的检查与修理
①控制柜与控制系统的电气线路原理分析
②控制柜内各电气部件的功能与原理分析
③控制柜内各电气线路与电气元件故障的排除</td><td rowspan="2">（1）方法：项目教学法、演示法、实训（练习）法
（2）重点：控制柜内各电气线路故障的检查与排除
（3）难点：控制柜与控制系统的电气线路原理分析</td><td rowspan="2">20</td></tr>
<tr><td>2）控制系统通信功能、速度控制系统、位置控制系统及电梯启动、加减速度、停止逻辑控制故障的检查与修理
①控制系统通信功能与屏蔽－电磁兼容故障的排除
②速度控制系统的自学习与故障排除
③位置控制系统的自学习与故障排除
④电梯启动、加减速度、停止、抱闸开闭时序逻辑控制故障的排除</td></tr>
</table>

续表

<table>
<tr><th>模块</th><th>课程</th><th>学习单元</th><th>课程内容</th><th>培训建议</th><th>课堂学时</th></tr>
<tr><td rowspan="12">2. 诊断修理</td><td rowspan="7">2-1 机房设备诊断修理</td><td rowspan="7">（4）曳引机制动器、减速箱油封、轴承的更换</td><td>1）制动器的更换与调整
①制动衬的更换和粘 / 铆接工艺
②制动臂的更换方法
③制动器各销轴的更换方法
④制动器电磁铁部件的更换与调整方法
⑤制动器整体更换的工艺与方法</td><td rowspan="7">（1）方法：项目教学法、演示法、实物示教法、实训（练习）法
（2）重点：曳引机制动器、减速箱油封、轴承的更换
（3）难点：蜗杆窜隙的调整及无齿轮曳引机主轴部件的拆解</td><td rowspan="7">16</td></tr>
<tr><td>2）减速箱蜗杆前端输出轴密封圈和箱体各盖板油封的更换</td></tr>
<tr><td>3）曳引机蜗轮主轴轴承或轴套 / 瓦的更换</td></tr>
<tr><td>4）蜗杆前后轴承或轴套的更换</td></tr>
<tr><td>5）蜗杆后端推力轴承的更换和后端盖蜗杆窜隙的调整</td></tr>
<tr><td>6）电动机端盖轴承或轴套的拆解与更换</td></tr>
<tr><td>7）无齿轮曳引机主轴部件的拆解及主轴承、后端盖轴承的更换</td></tr>
<tr><td rowspan="5">2-2 井道设备诊断修理</td><td rowspan="3">（1）电梯补偿链 / 缆、随行电缆、对重轮的更换</td><td>1）补偿链 / 缆的更换与调整
①补偿链的更换方法
②补偿链曲率直径和晃动阻挡装置的调整方法
③补偿缆的更换和补偿缆张紧装置的调整方法</td><td rowspan="3">（1）方法：项目教学法、演示法、实训（练习）法
（2）重点：补偿链 / 缆、随行电缆、对重轮的更换
（3）难点：更换对重轮操作的安全规范和施工的实时作业安全管理</td><td rowspan="3">8</td></tr>
<tr><td>2）随行电缆的更换与调整</td></tr>
<tr><td>3）对重轮的更换</td></tr>
<tr><td rowspan="2">（2）层门门扇、悬挂装置、地坎的更换与调整</td><td>1）层门部件的更换与调整
①层门悬挂装置的更换与调整方法
②层门门扇的更换与调整方法
③层门机械锁的更换与调整方法
④层门自闭系统的更换方法
⑤层门地坎的更换与调整方法
⑥层门导靴的更换与调整要求</td><td rowspan="2">（1）方法：项目教学法、实物示教法、实训（练习）法
（2）重点：层门门扇、悬挂装置的更换
（3）难点：调整层门总成各部件使其工作协调、流畅</td><td rowspan="2">4</td></tr>
<tr><td>2）层门总成与各部件的更换与调整</td></tr>
</table>

续表

模块	课程	学习单元	课程内容	培训建议	课堂学时
2. 诊断修理	2-3 轿厢对重设备诊断修理	（1）轿顶轮、轿底轮、安全钳、轿厢轿架、自动门机系统的更换	1）轿顶轮的更换 2）轿底轮的更换 3）安全钳的更换 4）轿厢轿架的更换 5）自动门机系统的更换	（1）方法：项目教学法、观摩法、实训（练习）法 （2）重点：轿顶轮、轿底轮、轿厢轿架的更换 （3）难点：更换轿顶轮、轿底轮、轿厢轿架操作的安全规范和施工的实时作业安全管理	12
		（2）电梯轿厢称重装置故障的检查与修理	1）各类轿厢称重装置的结构 2）电梯轿厢称重装置故障的检查与修理	（1）方法：项目教学法、演示法、实训（练习）法 （2）重点：称重装置故障的排除 （3）难点：各类称重装置的调试	4
	2-4 自动扶梯设备诊断修理	（1）扶手带及其驱动装置、链、轮、轴、主机、各类制动器的更换	1）扶手带的更换 2）扶手带驱动装置的更换 3）驱动链的更换 4）梯级链的更换 5）驱动链轮的更换 6）主驱动轴的更换 7）驱动主机的更换 8）工作制动器的更换 9）附加制动器的更换	（1）方法：项目教学法、演示法、实训（练习）法 （2）重点：自动扶梯安全部件与易损部件的更换 （3）难点：附加制动器更换后在其不同提升高度条件下对螺栓紧固力矩进行测试与调整	16

续表

模块	课程	学习单元	课程内容	培训建议	课堂学时
2. 诊断修理	2–4 自动扶梯设备诊断修理	(2) 通过修改控制参数调整自动扶梯运行速度、抖动	1) 自动扶梯运行速度的调整	(1) 方法：项目教学法、演示法、实训（练习）法 (2) 重点：通过修改控制参数调整自动扶梯运行速度 (3) 难点：通过修改控制参数消除自动扶梯抖动	8
			2) 自动扶梯抖动的调整		
3. 维修保养	3–1 机房设备维护保养	(1) 电梯驱动电动机速度检测装置的检查、调整与故障排除	1) 速度检测回馈装置的原理和信号传送的形式	(1) 方法：项目教学法、实训（练习）法 (2) 重点：电动机速度检测装置的检查 (3) 难点：线路的屏蔽与传输干扰故障的排除	6
			2) 电梯驱动电动机速度检测装置的检查与调整		
			3) 速度检测装置、线路的屏蔽与传输干扰故障的排除		
		(2) 使用百分表等工具检查并调整联轴器	1) 使用专用工夹具与百分表检查并调整联轴器与制动盘中心的方法	(1) 方法：项目教学法、演示法、实物示教法、实训（练习）法 (2) 重点：联轴器－制动盘三位中心的调整 (3) 难点：专用工具的使用	8
			2) 使用专用工夹具、钢针与塞尺检查并调整联轴器与制动盘中心的方法		

续表

模块	课程	学习单元	课程内容	培训建议	课堂学时
3. 维修保养	3-1 机房设备维护保养	（3）制动器间隙、制动力的检查与调整	1）制动器的检查与调整 ①制动器的结构和原理 ②电磁铁芯间隙与磁力的检查与调整方法 ③制动衬与制动轮间隙的检查与调整方法 ④制动臂（单臂与双臂）制动力的测试与调整方法	（1）方法：项目教学法、演示法、实物示教法、实训（练习）法 （2）重点：制动器间隙、制动力的调整 （3）难点：电磁力与铁芯间隙成反比的函数关系在实践中的应用，盘式制动器的调整与测试	10
			2）内置式制动器制动力的检查与测试		
			3）盘式制动器制动力的检查与测试		
		（4）使用电梯乘运质量分析仪、转速表等检测电梯的速度及加速度	1）电梯乘运质量分析仪、转速表等的使用方法	（1）方法：项目教学法、演示法、实物示教法、实训（练习）法 （2）重点：电梯速度及加速度的检测 （3）难点：电梯乘运质量的测量与分析	8
			2）应用电梯乘运质量分析仪、转速表等检测电梯的运行质量 ①电梯乘运质量的测量与分析方法 ②电梯运行速度、加速度、加加速度的检测方法 ③电梯运行曲线与 X 轴、Y 轴、Z 轴方向振动的测量与分析方法 ④应用转速表检测电梯的运行速度		
			3）电梯乘运质量的综合分析		
	3-2 井道设备维护保养	（1）使用刀口尺、刨刀等修整导轨接头	1）使用刀口尺对导轨接头－接导板处的直线度进行检查与调整	（1）方法：项目教学法、演示法、实物示教法、实训（练习）法 （2）重点：导轨接头－接导板处直线度的检查 （3）难点：使用刨刀、锉刀等工具时应避免破坏导轨基准	8
			2）使用刨刀、锉刀等工具修整导轨接头的台阶与直线度偏差		

续表

模块	课程	学习单元	课程内容	培训建议	课堂学时
3. 维修保养	3-2 井道设备维护保养	(2) 根据电梯运行的振动情况检查、调整导轨	1）导轨间距及垂直度、平行度、直线度的检查与调整 ①导轨垂直度的检查与调整方法 ②相对导轨平行度的检查与调整方法 ③导轨间距的检查与调整方法	(1) 方法：项目教学法、演示法、实训（练习）法 (2) 重点：导轨间距及垂直度的调整 (3) 难点：根据运行质量分析结果调整并消除振动	8
			2）电梯运行质量分析及振动部位导轨的检查与调整		
		(3) 层门、轿门联动机构的检查与调整	1）层门联动机构的检查与调整	(1) 方法：项目教学法、实物示教法、实训（练习）法 (2) 重点：层门、轿门联动机构的检查与调整 (3) 难点：调整层门、轿门联动机构使其工作协调、流畅	8
			2）轿门联动机构的检查与调整		
			3）层门、轿门啮合与联动的调整		
	3-3 轿厢对重设备维护保养	(1) 轿厢减振垫的检查与调整	1）轿厢减振机构的检查与调整	(1) 方法：项目教学法、实物示教法、实训（练习）法 (2) 重点：轿厢减振机构的检查与调整 (3) 难点：各减振接触点的受力检查与调整	4
			2）轿厢与轿顶部位的检查与调整 ①滑动卡板状态的检查与调整方法 ②轿厢平衡状态的检查与调整方法		
			3）轿厢底部减振橡胶或减振弹簧的检查与调整 ①减振橡胶或减振弹簧状态的检查方法 ②减振弹簧过压保护螺栓间隙的检查与调整方法		

续表

模块	课程	学习单元	课程内容	培训建议	课堂学时
3. 维修保养	3-3 轿厢对重设备维护保养	（2）使用液压剪刀截短电梯曳引钢丝绳、钢带并调整缓冲距离	1）液压剪刀截短电梯曳引钢丝绳的方法	（1）方法：项目教学法、观摩法、实训（练习）法 （2）重点：截短电梯曳引钢丝绳、钢带的方法 （3）难点：截短曳引钢丝绳、钢带操作的安全规范和施工的实时作业安全管理	4
			2）液压剪刀截短电梯曳引钢带的方法		
			3）对重下部缓冲墩的增加及对重缓冲器距离的调整		
	3-4 自动扶梯设备维护保养	（1）扶手带托轮、滑轮群、防静电轮、梯级传动装置的检查与调整	1）扶手带各轮的检查与调整 ①扶手带托轮的检查与调整方法 ②扶手带滑轮群的检查与调整方法 ③扶手带防静电轮的检查与调整方法	（1）方法：项目教学法、观摩法、实训（练习）法 （2）重点：梯级传动装置的检查 （3）难点：梯级传动装置的调整	8
			2）梯级传动装置的检查与调整		
		（2）进入梳齿板处的梯级与导轮轴向窜动量的检查与调整	1）上／下部出入与转向（过桥）部位导向装置的检查与调整	（1）方法：项目教学法、演示法、实训（练习）法 （2）重点：梯级与导轮轴向间隙的检查与调整 （3）难点：梯级与导轮轴向窜动量的消除	8
			2）梳齿板处梯级与导轮轴向窜动量的检查与调整		

续表

模块	课程	学习单元	课程内容	培训建议	课堂学时
3. 维修保养	3–4 自动扶梯设备维护保养	(3) 速度检测装置及非操纵逆转监测装置的检查与调整	1) 速度检测装置的检查与调整	(1) 方法：项目教学法、演示法、实训(练习)法 (2) 重点与难点：非操纵逆转监测装置的检查与调整	12
			2) 非操纵逆转监测装置的检查与调整		
		(4) 使用速度检测仪检测自动扶梯的运行速度	1) 自动扶梯专用速度检测仪的使用	(1) 方法：项目教学法、演示法、实训(练习)法 (2) 重点：自动扶梯运行速度的检测 (3) 难点：各检测方法的正确应用	8
			2) 自动扶梯运行速度的检测方法与相关要求		
4. 改造更新	4–1 曳引驱动乘客电梯设备改造更新	(1) 根据改造方案拆装、改造、调试不同规格型号的曳引机	1) 不同规格型号曳引机的拆装改造 ①更换电动机的曳引机拆装改造 ②曳引机制动器的拆装改造 ③曳引机机座的拆装改造 ④改变曳引机组悬挂比的拆装改造 ⑤拆除、加装及更换导向轮	(1) 方法：案例教学法、演示法、讲授法、实训(练习)法 (2) 重点：曳引机的拆装改造	8
			2) 曳引机拆装改造后的调试		
		(2) 根据改造方案拆装、改造、调试不同型号的控制系统	1) 不同型号控制系统的拆装改造 ①控制柜内线路与各部件的更换、改造 ②控制柜内驱动装置的更换、改造 ③外部主要电气装置的更换、改造 ④不同型号控制柜的更换、改造	(1) 方法：案例教学法、讲授法、演示法、实训(练习)法 (2) 重点：不同型号控制柜的更换、改造 (3) 难点：不同型号控制系统的兼容性调试	8
			2) 不同型号控制系统更换后的兼容性调试		

续表

<table>
<tr><th>模块</th><th>课程</th><th>学习单元</th><th>课程内容</th><th>培训建议</th><th>课堂学时</th></tr>
<tr><td rowspan="9">4. 改造更新</td><td rowspan="9">4-1 曳引驱动乘客电梯设备改造更新</td><td rowspan="2">（3）根据加层改造方案进行加层改造并调试曳引驱动乘客电梯</td><td>1）电梯加层改造工程的相关内容
①加层改造概况与技术交底
②拆除作业安全
③吊装作业安全
④脚手架作业安全
⑤现场安全计划
⑥相关部位的防护
⑦安全管理与实时安全控制
⑧电梯加层改造施工</td><td rowspan="2">（1）方法：项目教学法、讲授法、演示法、实训（练习）法
（2）难点：加层改造后的整机调试</td><td rowspan="2">8</td></tr>
<tr><td>2）加层改造后的整机调试</td></tr>
<tr><td rowspan="4">（4）拆装、改造轿厢和内部装潢并调整轿厢平衡与电梯平衡系数</td><td>1）轿厢部分部件的拆装与改造</td><td rowspan="4">（1）方法：项目教学法、演示法、实训（练习）法
（2）重点：轿厢内部装潢改造后的平衡调整
（3）难点：改造后电梯平衡系数的检查与调整</td><td rowspan="4">4</td></tr>
<tr><td>2）轿厢内部装潢的拆装与改造</td></tr>
<tr><td>3）轿厢内部装潢改造后轿厢整体平衡的调整</td></tr>
<tr><td>4）轿厢内部装潢改造后电梯平衡系数的检查与调整</td></tr>
<tr><td rowspan="2">（5）根据悬挂比改造方案拆装、改造曳引系统的悬挂比</td><td>1）曳引系统悬挂比改造的作业方法
①机房承重点的移位与测定
②曳引机组安装位置变化后的定位与调整
③对重导轨的移位、安装及调整
④轿厢架上梁结构的更换或轿顶轮的拆装与改造
⑤对重架的更换或对重轮的拆装与改造</td><td rowspan="2">（1）方法：项目教学法、观摩法、实训（练习）法
（2）重点：曳引系统悬挂比的改造
（3）难点：改造工程的安全规范、现场管理和施工的实时作业安全管理</td><td rowspan="2">8</td></tr>
<tr><td>2）悬挂比改造后曳引系统的测试与试验
①曳引钢丝绳根数配置的校核方法
②轮绳摩擦系数与包角的校核方法
③全绕式系统曳引摩擦力过大的试验
④整机曳引状态复核方法</td></tr>
</table>

续表

<table>
<tr><th>模块</th><th>课程</th><th>学习单元</th><th>课程内容</th><th>培训建议</th><th>课堂学时</th></tr>
<tr><td rowspan="9">4. 改造更新</td><td rowspan="5">4-1 曳引驱动乘客电梯设备改造更新</td><td rowspan="5">（6）读卡器（IC 卡）系统、残疾人操纵箱、能量反馈系统、应急平层装置及远程监控装置的加装与调试</td><td>1）读卡器（IC 卡）系统的加装与调试</td><td rowspan="5">（1）方法：项目教学法、观摩法、实训（练习）法
（2）重点：能量反馈系统、远程监控装置的加装
（3）难点：加装能量反馈系统、远程监控装置后的调试</td><td rowspan="5">8</td></tr>
<tr><td>2）残疾人操纵箱的加装与调试</td></tr>
<tr><td>3）能量反馈系统的加装与调试</td></tr>
<tr><td>4）应急平层装置的加装与调试</td></tr>
<tr><td>5）远程监控装置的加装与调试</td></tr>
<tr><td rowspan="4">4-2 自动扶梯设备改造更新</td><td rowspan="2">（1）变频器及其外部控制设备的加装及自动扶梯变频控制功能的调试</td><td>1）加装变频器的作业方法及加装后的调试
①加装变频器改变启停效果
②加装变频器增加节能运行功能
③加装出入口节能运行感应装置
④变频器加装后控制功能的调试方法</td><td rowspan="2">（1）方法：项目教学法、观摩法、实训（练习）法
（2）重点：变频器装置的加装
（3）难点：加装后自动扶梯变频控制功能的调试</td><td rowspan="2">8</td></tr>
<tr><td>2）加装外部控制设备的作业方法
①加装油水分离器
②加装出入口梯级安全照明
③加装自动扶梯监控装置
④加装梯级加热装置
⑤根据标准要求加装其他安全装置</td></tr>
<tr><td rowspan="2">（2）自动扶梯控制系统的改造与调试</td><td>1）控制系统改造的作业方法及兼容性调试
①更换控制线路与主要部件
②加装安全装置增加安全功能
③加装故障监测与显示装置
④更换不同型号控制系统
⑤不同型号控制系统与外围电气部件的兼容性调试</td><td rowspan="2">（1）方法：项目教学法、观摩法、实训（练习）法
（2）重点：自动扶梯控制系统的改造
（3）难点：改造后自动扶梯控制系统的调试</td><td rowspan="2">8</td></tr>
<tr><td>2）控制系统改造后的整机调试</td></tr>
<tr><td colspan="5">课堂学时合计</td><td>360</td></tr>
</table>

2.2.5 二级 / 技师职业技能培训课程规范

模块	课程	学习单元	课程内容	培训建议	课堂学时
1. 安装调试	1-1 曳引驱动乘客电梯设备安装调试	（1）控制参数和驱动参数的设定及电梯运行功能与性能的调试	1）控制系统参数的设置 ①运行梯形图中各参数的设置方法 ②监控功能的设置方法	（1）方法：项目教学法、演示法、实训（练习）法 （2）重点：系统位置的自学习与各参数的设置 （3）难点：运行功能与性能的调试	20
			2）驱动系统参数的设置 ①井道（轿厢各位置）自学习 ②运行速度值的设置方法 ③制动器开闸与闭合时间参数的设置方法 ④ PID 调节器比例、积分增益的设置方法		
			3）控制系统功能与性能的调试		
			4）驱动系统功能与性能的调试原理		
			5）电梯整机功能与性能的调试原理		
			6）梯群功能调试		
		（2）门机功能与性能的调试	1）自动门机控制部分的调试 ①系统的构成 ②系统自学习 ③开关门运行梯形图中各参数的设置方法	（1）方法：项目教学法、演示法、实训（练习）法 （2）重点：门机系统功能与性能的调试方法 （3）难点：门机系统功能与性能的调试原理	8
			2）自动门机驱动部分的调试 ①门宽自学习 ②开关门速度自学习 ③关门力矩参数的设置方法		
			3）门机系统功能与性能的调试		
		（3）轿厢静、动态平衡的测试与调整	1）轿厢静态平衡的测试与调整 ①轿厢静态平衡的相关知识 ②轿厢导靴的静止状态 ③轿厢静态平衡的测试与调整方法	（1）方法：项目教学法、演示法、实训（练习）法 （2）重点：轿厢静态平衡的调整 （3）难点：轿厢动态平衡的调整	8
			2）轿厢动态平衡的测试与调整 ①轿厢动态平衡的相关知识（轿底悬挂平衡的合理性） ②轿厢导靴的动态状态 ③轿厢动态平衡的测试与调整方法		

续表

模块	课程	学习单元	课程内容	培训建议	课堂学时
1. 安装调试	1-1 曳引驱动乘客电梯设备安装调试	（4）电梯安装调试方案的编制	1）电梯机械部件安装调试方案的编制 ①机房部分 ②井道导向系统 ③悬挂系统 ④层门与轿门 ⑤底坑部分	（1）方法：项目教学法、讲授法、讨论法、实训（练习）法 （2）重点：电梯安装调试方案的编制 （3）难点：电梯安装调试原理	12
			2）电梯电气系统安装调试方案的编制 ①控制系统 ②驱动系统 ③自动门机系统 ④井道内系统 ⑤轿内、层外操作及显示系统		
			3）电梯整机安装调试方案的编制		
			4）电梯梯群控制系统安装调试方案的编制		
	1-2 自动扶梯设备安装调试	（1）分段式自动扶梯桁架和导轨的校正	1）自动扶梯桁架分段拼接工艺与校正方法	（1）方法：项目教学法、观摩法、实训（练习）法 （2）重点：分段式自动扶梯桁架的校正 （3）难点：桁架拼接后梯路导轨的校正	8
			2）桁架分段拼接采用高强度紧固螺栓连接时的强度要求与紧固要求以及螺栓垫片分散应力的受力分析		
			3）自动扶梯桁架拼接后梯路导轨的检查与校正方法		
		（2）自动扶梯电气控制参数的修改与运行功能的调试	1）自动扶梯电气控制参数的修改方法	（1）方法：项目教学法、演示法、实训（练习）法 （2）重点：电气控制参数的修改 （3）难点：自动扶梯运行功能的调试	8
			2）通过参数的修改调试自动扶梯的运行功能		
			3）通过修改、调整电气控制参数提高自动扶梯运行质量的方案编制		

续表

模块	课程	学习单元	课程内容	培训建议	课堂学时
1. 安装调试	1–2 自动扶梯设备安装调试	（3）大跨度自动扶梯中间支撑部件的安装与调整	1）安装前现场的勘查与测量 ①中间支撑部件土建尺寸的测量与校核方法 ②中间支撑部件基础强度的校核方法 ③中间支撑部件与桁架底模位置的连接方法	（1）方法：项目教学法、观摩法、实训（练习）法 （2）重点：中间支撑部件的安装 （3）难点：中间支撑部件的调整	10
			2）大跨度自动扶梯中间支撑部件的安装		
			3）大跨度自动扶梯中间支撑部件的调整		
2. 诊断修理	2–1 曳引驱动乘客电梯设备诊断修理	（1）电梯重复性故障的分析及其解决方案的提出	1）电梯机械运动系统重复性故障的排除 ①跟踪分析与判断 ②解决方案的提出	（1）方法：项目教学法、讲授法、实训（练习）法 （2）重点：电梯重复性故障的分析与判断 （3）难点：电梯重复性故障解决方案的提出	32
			2）电梯电气控制与驱动系统重复性故障的排除 ①跟踪分析与判断 ②解决方案的提出		
			3）电梯通信系统重复性故障的排除 ①跟踪分析与判断 ②解决方案的提出		
			4）电梯电磁兼容与干扰重复性故障的排除 ①跟踪分析与判断 ②解决方案的提出		
		（2）电梯偶发性故障的分析及其解决方案的提出	1）电梯机械运动系统偶发性故障的排除 ①跟踪分析与判断 ②解决方案的提出	（1）方法：项目教学法、讲授法、实训（练习）法 （2）重点：电梯偶发性故障的分析与判断 （3）难点：电梯偶发性故障解决方案的提出	16
			2）电梯电气控制与驱动系统偶发性故障的排除 ①跟踪分析与判断 ②解决方案的提出		
			3）电梯通信系统偶发性故障的排除 ①跟踪分析与判断 ②解决方案的提出		
			4）电梯电磁兼容与干扰偶发性故障的排除 ①跟踪分析与判断 ②解决方案的提出		

续表

<table>
<tr><th>模块</th><th>课程</th><th>学习单元</th><th>课程内容</th><th>培训建议</th><th>课堂学时</th></tr>
<tr><td rowspan="8">2. 诊断修理</td><td rowspan="2">2-1 曳引驱动乘客电梯设备诊断修理</td><td rowspan="2">（3）电梯重大修理的安全管理与施工方案编制</td><td>1）电梯重大修理施工现场的安全管理
①现场安全计划
②作业安全管理基本要求
③拆除作业安全管理
④吊装作业安全管理
⑤脚手架作业安全管理
⑥门、洞、孔的防护安全管理
⑦施工过程的实时安全管理</td><td rowspan="2">（1）方法：项目教学法、讲授法、讨论法、实训（练习）法
（2）重点：重大修理安全施工方案的编制
（3）难点：安全施工方案的可操作性</td><td rowspan="2">20</td></tr>
<tr><td>2）电梯重大修理安全施工方案的编制</td></tr>
<tr><td rowspan="6">2-2 自动扶梯设备诊断修理</td><td rowspan="3">（1）自动扶梯重复性故障的分析及其解决方案的提出</td><td>1）自动扶梯机械传动系统重复性故障的排除
①跟踪分析与判断
②解决方案的提出</td><td rowspan="3">（1）方法：项目教学法、讲授法、实训（练习）法
（2）重点：自动扶梯重复性故障的分析与判断
（3）难点：自动扶梯重复性故障解决方案的提出</td><td rowspan="3">20</td></tr>
<tr><td>2）自动扶梯电气控制与驱动系统重复性故障的排除
①跟踪分析与判断
②解决方案的提出</td></tr>
<tr><td>3）自动扶梯运行中重复性异常振动与噪声的排除
①跟踪分析与判断
②解决方案的提出</td></tr>
<tr><td rowspan="3">（2）自动扶梯偶发性故障的分析及其解决方案的提出</td><td>1）自动扶梯机械传动系统偶发性故障的排除
①跟踪分析与判断
②解决方案的提出</td><td rowspan="3">（1）方法：项目教学法、讲授法、实训（练习）法
（2）重点：自动扶梯偶发性故障的分析与判断
（3）难点：自动扶梯偶发性故障解决方案的提出</td><td rowspan="3">16</td></tr>
<tr><td>2）自动扶梯电气控制与驱动系统偶发性故障的排除
①跟踪分析与判断
②解决方案的提出</td></tr>
<tr><td>3）自动扶梯运行中偶发性异常振动与噪声的排除
①跟踪分析与判断
②解决方案的提出</td></tr>
</table>

续表

<table>
<tr><th>模块</th><th>课程</th><th>学习单元</th><th>课程内容</th><th>培训建议</th><th>课堂学时</th></tr>
<tr><td rowspan="2">2. 诊断修理</td><td rowspan="2">2-2 自动扶梯设备诊断修理</td><td rowspan="2">（3）自动扶梯重大修理的安全管理与施工方案编制</td><td>1）自动扶梯重大修理施工现场的安全管理
①现场安全计划
②作业安全管理基本要求
③拆除作业安全管理
④吊装作业安全管理
⑤临边的安全防护
⑥环境的影响及施工区域周边的安全防护
⑦施工过程的实时安全管理</td><td rowspan="2">（1）方法：项目教学法、讲授法、讨论法、实训（练习）法
（2）重点：重大修理安全施工方案的编制
（3）难点：安全施工方案的可操作性</td><td rowspan="2">12</td></tr>
<tr><td>2）自动扶梯重大修理安全施工方案的编制</td></tr>
<tr><td rowspan="7">3. 改造更新</td><td rowspan="7">3-1 曳引驱动乘客电梯改造更新</td><td rowspan="4">（1）曳引系统改造施工管理与方案编制</td><td>1）曳引系统改造施工方案的编制
①曳引主机选配方案
②驱动装置选配方案
③系统惯量校核方案
④曳引钢丝绳根数计算与校核方案
⑤轮绳摩擦系数与包角校核方案</td><td rowspan="4">（1）方法：项目教学法、讲授法、讨论法、实训（练习）法
（2）重点：曳引系统改造施工方案的编制
（3）难点：系统改造后现场型式试验与改造项目检验（自检）方案的编制</td><td rowspan="4">24</td></tr>
<tr><td>2）曳引系统改造施工管理
①拆除作业管理
②过程控制管理
③吊装作业管理
④实时安全管理</td></tr>
<tr><td>3）曳引系统改造后的现场型式试验要求</td></tr>
<tr><td>4）曳引系统改造项目检验（自检）方案的编制</td></tr>
<tr><td rowspan="3">（2）控制系统改造施工管理与方案编制</td><td>1）控制系统改造施工方案的编制
①控制柜内线路与部件的兼容性配置要求
②控制系统与外围各部件的兼容性配置要求
③控制柜内线路与部件改造施工方案的编制
④控制柜内驱动装置改造施工方案的编制
⑤不同型号控制柜改造施工方案的编制</td><td rowspan="3">（1）方法：项目教学法、讲授法、讨论法、实训（练习）法
（2）重点：控制系统改造施工方案的编制
（3）难点：控制系统改造项目检验（自检）方案的编制</td><td rowspan="3">20</td></tr>
<tr><td>2）控制系统改造后的兼容性调试</td></tr>
<tr><td>3）控制系统改造项目检验（自检）方案的编制</td></tr>
</table>

续表

模块	课程	学习单元	课程内容	培训建议	课堂学时
3. 改造更新	3-1 曳引驱动乘客电梯改造更新	（3）加层改造施工管理与方案编制	1）电梯加层改造施工方案的编制 2）电梯加层改造施工管理 ①拆除移位作业管理 ②吊装作业管理 ③井道平台要求 ④质量计划与质量控制基本要求 ⑤安全管理 3）电梯加层改造项目检验（自检）方案的编制	（1）方法：项目教学法、讲授法、讨论法、实训（练习）法 （2）重点：加层改造施工方案的编制 （3）难点：加层改造施工方案的可操作性	24
		（4）悬挂比改造施工管理与方案编制	1）悬挂比改造施工方案的编制 ①机房承重点移位的改造施工方案 ②曳引机组安装位置变化的改造施工方案 ③对重导轨移位的改造施工方案 ④拆装轿顶轮、对重轮的改造施工方案 2）悬挂比改造后曳引力的校核与试验 3）悬挂比改造项目检验（自检）方案的编制	（1）方法：项目教学法、讲授法、讨论法、实训（练习）法 （2）重点：悬挂比改造施工方案的编制 （3）难点：悬挂比改造施工方案的可操作性	22
	3-2 自动扶梯设备改造更新	（1）加装变频器施工、调试和检验方案的编制	1）加装变频器施工方案的编制 ①加装变频器改变启停效果的施工方案 ②加装变频器增加节能运行功能的施工方案 ③加装出入口节能运行感应装置的施工方案 2）加装变频器后各项功能与性能调试方案的编制 3）加装变频器检验（自检）方案的编制	（1）方法：项目教学法、讲授法、讨论法、实训（练习）法 （2）重点：加装变频器施工方案的编制 （3）难点：加装变频器后各项功能与性能调试方案的编制	16

续表

模块	课程	学习单元	课程内容	培训建议	课堂学时
3. 改造更新	3-2 自动扶梯设备改造更新	(2) 控制系统改造施工、调试和检验方案的编制	1）控制系统改造施工方案的编制 ①控制线路与主要部件的改造施工方案 ②加装安全装置增加安全功能的施工方案 ③加装故障监测与显示装置的施工方案 ④更换不同型号控制系统的施工方案	(1) 方法：项目教学法、讲授法、讨论法、实训（练习）法 (2) 重点：控制系统改造施工方案的编制 (3) 难点：改造后功能与性能的调试	20
			2）控制系统改造后各项功能与性能调试方案的编制		
			3）控制系统改造项目检验（自检）方案的编制		
4. 培训管理	4-1 培训指导	(1) 三级 / 高级及以下级别人员基础理论知识与专业技术理论知识的培训	1）基础理论知识与专业技术理论知识培训方案的编制 ①五级 / 初级培训方案的编制 ②四级 / 中级培训方案的编制 ③三级 / 高级培训方案的编制	(1) 方法：讲授法、实训（练习）法 (2) 重点：培训方案的编制 (3) 难点：培训方案的有效性	16
			2）基础理论知识与专业技术理论知识的培训要素 ①五级 / 初级的培训要素 ②四级 / 中级的培训要素 ③三级 / 高级的培训要素		
		(2) 三级 / 高级及以下级别人员技能操作的培训	1）技能操作培训方案的编制 ①五级 / 初级培训方案的编制 ②四级 / 中级培训方案的编制 ③三级 / 高级培训方案的编制	(1) 方法：讲授法、实训（练习）法 (2) 重点：培训方案的编制 (3) 难点：培训方案的有效性	16
			2）技能操作的培训要素 ①五级 / 初级的培训要素 ②四级 / 中级的培训要素 ③三级 / 高级的培训要素		
		(3) 三级 / 高级及以下级别人员查找和使用相关技术手册的指导	1）查找和使用相关技术手册的指导 ①五级 / 初级的指导 ②四级 / 中级的指导 ③三级 / 高级的指导	(1) 方法：讲授法、实训（练习）法 (2) 重点：查找技术手册的指导 (3) 难点：技术手册的正确使用	8
			2）根据现场实际情况对照使用相关技术手册的指导 ①五级 / 初级的指导 ②四级 / 中级的指导 ③三级 / 高级的指导		

续表

模块	课程	学习单元	课程内容	培训建议	课堂学时
4. 培训管理	4–2 技术管理	(1) 电梯安装维修技术报告的撰写	1) 电梯安装技术报告的撰写 2) 电梯维修技术报告的撰写	(1) 方法：讲授法、讨论法、实训（练习）法 (2) 重点：安装维修技术报告的撰写 (3) 难点：报告撰写经验的总结	8
		(2) 三级/高级及以下级别人员的技术指导	1) 理论分析的指导 ①五级/初级的指导 ②四级/中级的指导 ③三级/高级的指导 2) 实践操作的指导 ①五级/初级的指导 ②四级/中级的指导 ③三级/高级的指导	(1) 方法：讲授法、实训（练习）法 (2) 重点：对三级/高级及以下级别人员按需进行技术指导 (3) 难点：通过实践操作指导使学员掌握相应技能	16
		(3) 技术总结与技术成果推广	1) 二级/技师级别专业技术总结报告的撰写 2) 技术成果的总结与推广 ①五级/初级技术成果的总结与推广 ②四级/中级技术成果的总结与推广 ③三级/高级技术成果的总结与推广	(1) 方法：讲授法、讨论法、实训（练习）法 (2) 重点：二级/技师级别的专业技术总结 (3) 难点：技术成果的总结与推广	8
课堂学时合计					388

2.2.6 一级 / 高级技师职业技能培训课程规范

模块	课程	学习单元	课程内容	培训建议	课堂学时
1. 安装调试	1-1 曳引驱动乘客电梯安装调试	（1）影响电梯启停、运行舒适感关联因素的分析与排除	1）电梯启停、运行舒适感关联因素的检查与调试方法 ①称重装置的检查与调试方法 ②曳引钢丝绳张力的检查与调试方法 ③轿厢导轨垂直度、间距、接口直线度的检查与调试方法	（1）方法：项目教学法、讲授法、演示法、实训（练习）法 （2）重点：影响电梯启停、运行舒适感关联因素的分析与排除	10
			2）系统功能与性能的调试及参数的设置与调整 ①控制系统启停、运行功能与性能的调试方法 ②驱动系统启停、运行功能与性能的调试方法 ③制动器开闸与闭合时间参数的设置与调整方法 ④凸起与倒拉状态的消除方法		
			3）电梯启停、运行舒适感关联因素的总结与分析		
			4）电梯启停、运行舒适感调试方案的编制		
			5）超高速电梯的相关特定要求 ①井道的通风设置 ②井道的风洞效应 ③电梯运行时井道内气流分布与循环 ④机－电主动滚轮导靴要求		

续表

模块	课程	学习单元	课程内容	培训建议	课堂学时
1. 安装调试	1-1 电引驱动乘客电梯安装调试	(2) 导轨弯曲变形的原因分析与处理	1) 导轨弯曲变形的原因分析 ①安装工艺 ②安装质量 ③建筑物变化 ④导轨内应力无法释放	(1) 方法：项目教学法、讲授法、观摩法、实训（练习）法 (2) 重点：导轨弯曲变形的原因分析 (3) 难点：导轨弯曲变形的校正和内应力的消除	8
			2) 导轨的校正 ①安装前整根导轨直线度超差的校正方法 ②安装前整根导轨扭曲度超差的校正方法 ③导轨直线度、扭曲度超差无法校正的处理方法 ④导轨内应力的释放方法		
		(3) 在用电梯导轨的校正	1) 在用电梯导轨校正的方案编制 ①保留层门装修且轿厢与各层门位置不变的校正方案 ②已装导轨弯曲段与扭曲段的校正方案 ③接导板弯曲或强度不够的校正方案	(1) 方法：项目教学法、讲授法、观摩法、实训（练习）法 (2) 重点：保留层门装修且轿厢与各层门位置不变的校正方案编制 (3) 难点：井道内导轨应力的释放和扭曲段的校正	8
			2) 在用电梯导轨校正的特制工装 ①导轨校正的特制样板架工装 ②与样板架工装配套的校导工装样板尺 ③井道内导轨弯曲校正的特制工装 ④井道内导轨扭曲校正的特制工装		

续表

模块	课程	学习单元	课程内容	培训建议	课堂学时
1. 安装调试	1–2 自动扶梯设备安装调试	（1）采用新技术、新材料、新工艺生产的自动扶梯和自动人行道的安装与调试	1）螺旋形自动扶梯的安装与调试 ①原理与构造 ②安装与调试方法	（1）方法：讲授法、观摩法、参观法 （2）重点：采用新技术、新材料、新工艺生产的自动扶梯和自动人行道的安装与调试 （3）难点：新技术、新材料、新工艺产品的原理	16
			2）出入口可变速自动扶梯的安装与调试 ①原理与构造 ②安装与调试方法		
			3）出入口可变速自动人行道的安装与调试 ①原理与构造 ②安装与调试方法		
			4）车载移动式自动扶梯的安装与调试 ①原理与构造 ②安装与调试方法		
			5）薄型平铺大载量自动人行道的安装与调试 ①原理与构造 ②安装与调试方法		
			6）多水平段大提升高度自动扶梯的安装与调试 ①原理与构造 ②安装与调试方法		
			7）多级驱动超大提升高度自动扶梯的安装与调试 ①原理与构造 ②安装与调试方法		
			8）室外型自动扶梯与自动人行道（对气候条件）的设计要求		
			9）自动扶梯与自动人行道的桁架结构与二力杆构件的受力分析		
			10）端部链驱动大提升高度自动扶梯（高强度梯级链滚轮外置）的安装与调试 ①原理与构造 ②安装与调试方法		

续表

模块	课程	学习单元	课程内容	培训建议	课堂学时
1. 安装调试	1-2 自动扶梯设备安装调试	（2）大跨度自动扶梯安装调试	1）安装前现场勘查与测量 ①安装前土建尺寸和各支撑点的测量与校核方法 ②卸装与吊装方法	（1）方法：项目教学法、讲授法、实训（练习）法 （2）重点：大跨度自动扶梯安装与调试方案的编制 （3）难点：质量计划与施工安全管理方案的编制	8
			2）现场吊装与运送 ①起吊点的选择与确定 ②道路运送路径的选择 ③复杂情况模拟运送方案的编制		
			3）安装工程施工与管理方案的编制 ①施工方案的编制 ②质量计划的编制 ③过程控制与质量管理方案的编制 ④施工安全管理方案的编制		
			4）现场调试 ①分段或多段桁架的拼接与校正 ②分段或多段桁架拼接后梯路导轨的检查与校正 ③调试方案的编制		
			5）大跨度自动扶梯安装工程过程检验和完工终检（自检）方案的编制		
2. 诊断修理	2-1 曳引驱动乘客电梯诊断修理	（1）电梯故障的统计分析及降低故障率改进方案的提出	1）运用统计学理论进行电梯故障的统计分析	（1）方法：项目教学法、讲授法、实训（练习）法 （2）重点：电梯故障数量和故障原因的统计分析 （3）难点：针对电梯故障数量和故障原因提出降低故障率的改进方案	28
			2）电梯故障类型、数量和原因的统计分析 ①电磁兼容性引起的故障 ②操作时序引起的故障 ③系统软件引起的运行不稳定故障 ④机械故障 ⑤电气故障 ⑥重要部件修理（更换）工艺不符引起的故障 ⑦微机控制系统引起的电梯应答与群控调配异常故障 ⑧故障数量、原因与重大危险源清单 ⑨整机与部件的风险评估与判废		
			3）针对电梯重复性故障类型、数量、原因提出降低故障率的改进方案		
			4）针对电梯偶发性故障类型、数量、原因提出降低故障率的改进方案		

续表

模块	课程	学习单元	课程内容	培训建议	课堂学时
2. 诊断修理	2-1 曳引驱动乘客电梯诊断修理	（2）运用新技术、新工艺、新材料改进电梯部件结构形式以降低失效风险	1）运用新技术、新工艺、新材料的电梯系统或设备的结构特点和有效性分析 ①新一代微机控制系统 ②新一代变频驱动系统 ③新一代永磁同步无齿轮曳引驱动系统 ④新一代永磁同步电动机 ⑤盘式制动器 ⑥曳引钢带	（1）方法：项目教学法、讲授法、演示法、观摩法、参观法、实训（练习）法 （2）重点：运用新技术、新工艺、新材料改进电梯部件的结构形式 （3）难点：运用新技术、新工艺、新材料电梯部件的有效性分析	20
			2）运用新技术、新工艺、新材料的电梯整机系统的结构特点和有效性分析 ①目的层站控制电梯系统 ②双子电梯系统 ③变速电梯系统		
		（3）专用工具或设备的设计与应用	1）电梯诊断修理专用工具或设备的设计 ①微机控制系统故障诊断调试仪 ②变频驱动系统故障诊断调试仪	（1）方法：讲授法、演示法、观摩法、实训（练习）法 （2）重点：使用专用工具或设备提高电梯诊断、修理效率 （3）难点：专用工具或设备的设计	16
			2）采用专用工具提高电梯诊断、修理效率 ①电梯导轨校正的专用工装与夹具 ②电梯导轨校正的专用校导尺 ③曳引钢丝绳张力测试设备 ④无齿轮曳引机维修拆卸工装 ⑤内置式制动器维修拆卸工装		
	2-2 自动扶梯诊断修理	（1）自动扶梯故障的统计分析及降低故障率改进方案的提出	1）运用统计学理论进行自动扶梯故障的统计分析	（1）方法：项目教学法、讲授法、实训（练习）法 （2）重点：自动扶梯故障数量和故障原因的统计分析 （3）难点：针对自动扶梯故障数量和故障原因提出降低故障率的改进方案	20
			2）自动扶梯故障类型、数量和原因的统计分析 ①操作时序引起的故障 ②系统软件引起的故障 ③电气故障 ④机械故障 ⑤重要部件修理（更换）工艺不符引起的故障 ⑥故障数量、原因与重大危险清单 ⑦整机与部件的风险评估与判废		
			3）针对自动扶梯重复性故障类型、数量、原因提出降低故障率的改进方案		
			4）针对自动扶梯偶发性故障类型、数量、原因提出降低故障率的改进方案		

续表

模块	课程	学习单元	课程内容	培训建议	课堂学时
2. 诊断修理	2-2 自动扶梯诊断修理	（2）运用新技术、新工艺、新材料改进自动扶梯部件结构形式以降低失效风险	1）运用新技术、新工艺的自动扶梯部件结构特点和有效性分析 ①新型高效驱动主机 ②电动机高速端超大惯量飞轮 ③新型辅助制动器、附加制动器 ④超大提升高度端部驱动自动扶梯的高强度梯级链（梯级滚轮外置）	（1）方法：项目教学法、讲授法、演示法、观摩法、实训（练习）法 （2）重点：新技术、新工艺、新材料部件结构形式 （3）难点：新技术、新工艺、新材料改进部件结构形式的失效风险	16
			2）运用新材料的自动扶梯部件结构特点和有效性分析 ①新型不锈钢组合材料梯级 ②新型高分子材料梯级（彩色非金属）		
		（3）专用工具或设备的设计与应用	1）自动扶梯诊断修理专用工具或设备的设计 ①微机控制系统故障诊断调试仪 ②速度控制系统故障诊断仪	（1）方法：项目教学法、讲授法、演示法、观摩法、实训（练习）法 （2）重点：使用专用工具或设备提高诊断、修理效率 （3）难点：专用工具或设备的设计	10
			2）采用专用工具提高自动扶梯诊断、修理效率 ①梯级链更换专用工具 ②扶手带更换与修补专用工具 ③驱动主轴与链轮更换专用工具 ④梯路校正专用工具 ⑤附加制动器检查调整专用工具		
3. 改造更新	3-1 曳引驱动乘客电梯改造更新	（1）电梯整机改造更新	1）电梯整机改造更新的相关知识 ①改造更新工程的设计方法 ②涉及的有关图样 ③主要部件和制动器、限速器、安全钳、缓冲器、轿厢上行超速保护装置等安全保护装置的选型 ④改造前后技术参数对比 ⑤电梯系统变化对机房承重、井道土建要求的影响及相关检查与校验	（1）方法：项目教学法、讲授法、演示法、观摩法、讨论法、实训（练习）法 （2）重点：整机改造更新项目的设计 （3）难点：整机改造更新项目的复核与计算	32
			2）电梯整机改造更新的设计、计算 ①保留层门装修的改造更新 ②不保留层门装修的改造更新 ③保留机房承重梁的改造更新 ④改变曳引比的改造更新 ⑤加层工程		

续表

<table>
<tr><th>模块</th><th>课程</th><th>学习单元</th><th>课程内容</th><th>培训建议</th><th>课堂学时</th></tr>
<tr><td rowspan="7">3. 改造更新</td><td rowspan="3">3-1 曳引驱动乘客电梯改造更新</td><td rowspan="3">（2）电梯部件改造更新</td><td>1）电梯部件改造更新的设计、计算
①更换曳引机
②更换控制柜
③更换所有电气、呼梯系统
④更换轿厢与门机、轿门
⑤更换层门系统
⑥更换限速器、安全钳、缓冲器、门锁钩及加装夹绳器等安全部件
⑦重新布置导轨
⑧改造前后各部件配置和技术参数对比</td><td rowspan="3">（1）方法：项目教学法、讲授法、演示法、观摩法、讨论法、实训（练习）法
（2）重点：电梯部件改造更新的设计、计算
（3）难点：改造工程中部件维修与部分置换的风险评估</td><td rowspan="3">40</td></tr>
<tr><td>2）主要部件与安全部件改造置换原则</td></tr>
<tr><td>3）部件的兼容性要求</td></tr>
<tr><td rowspan="4">3-2 自动扶梯设备改造更新</td><td rowspan="2">（1）保留桁架的自动扶梯机械系统整体改造更新方案编制与工程管理</td><td>1）保留桁架的自动扶梯机械系统整体改造更新方案的编制
①改造更新的总体要求
②置换的设计与计算
③主要部件的置换配置
④安全装置的置换配置与选型
⑤技术参数与功能、性能的合规性分析
⑥桁架的维护、防腐与加固设计</td><td rowspan="2">（1）方法：讲授法、演示法、观摩法、讨论法、实训（练习）法
（2）重点：保留桁架的自动扶梯改造更新方案的编制
（3）难点：改造更新项目的设计、计算及完工自检与试验</td><td rowspan="2">32</td></tr>
<tr><td>2）改造更新工程的管理
①施工方案
②质量计划
③安全管理
④质量控制
⑤过程检验
⑥完工自检与试验</td></tr>
<tr><td rowspan="2">（2）室内自动扶梯拆除更新的方案编制与工程管理</td><td>1）室内自动扶梯拆除更新的方案编制
①现场拆除吊点的选择与确定
②卸装与吊装设计
③起吊点的选择
④道路运送路径的选择
⑤现场路面和装修的保护方案
⑥复杂路径的模拟运送</td><td rowspan="2">（1）方法：讲授法、演示法、观摩法、讨论法、实训（练习）法
（2）重点：室内自动扶梯拆除更新的改造方案编制
（3）难点：吊装阶段的实时安全管理与控制</td><td rowspan="2">16</td></tr>
<tr><td>2）改造更新工程的管理
①施工方案
②质量计划
③安全管理
④质量控制
⑤过程检验
⑥完工自检与试验</td></tr>
</table>

续表

模块	课程	学习单元	课程内容	培训建议	课堂学时
4. 培训管理	4-1 培训指导	（1）二级 / 技师基础理论知识、专业技术理论知识的培训	1）二级 / 技师基础理论知识和专业技术理论知识培训方案的编制 2）二级 / 技师基础理论知识和专业技术理论知识的培训要素	（1）方法：讲授法、实训（练习）法 （2）重点：培训方案的编制 （3）难点：培训方案的有效性	16
		（2）二级 / 技师技能操作的培训	1）二级 / 技师技能操作培训方案的编制 2）二级 / 技师技能操作的培训要素	（1）方法：讲授法、实训（练习）法 （2）重点：培训方案的编制 （3）难点：培训方案的有效性	16
		（3）二级 / 技师及以下级别人员撰写技术论文的指导	1）技术论文的撰写要点和课题选择 2）技术论文撰写指导方案的编制	（1）方法：讲授法、实训（练习）法 （2）重点：二级 / 技师及以下级别人员技术论文的撰写指导 （3）难点：结合实际指导撰写高质量的技术论文	16

续表

模块	课程	学习单元	课程内容	培训建议	课堂学时
4. 培训管理	4-1 培训指导	（4）技术革新及技术难题的解决	1）技术革新 ①电梯安装工艺、方法的技术革新 ②电梯改造更新工艺、方法的技术革新 ③电梯日常维护保养工艺、方法的技术革新 ④自动扶梯安装工艺、方法的技术革新 ⑤自动扶梯改造更新工艺、方法的技术革新 ⑥自动扶梯重大修理工艺、方法的技术革新 ⑦自动扶梯日常维护保养工艺、方法的技术革新	（1）方法：讲授法、讨论法、实训（练习）法 （2）重点：进行技术革新 （3）难点：通过技术创新解决技术难题	16
			2）技术难题的解决 ①电梯安装技术难题的解决 ②电梯改造更新技术难题的解决 ③电梯重大修理技术难题的解决 ④电梯日常维护保养技术难题的解决 ⑤自动扶梯安装技术难题的解决 ⑥自动扶梯改造更新技术难题的解决 ⑦自动扶梯重大修理技术难题的解决 ⑧自动扶梯日常维护保养技术难题的解决		

续表

模块	课程	学习单元	课程内容	培训建议	课堂学时
4. 培训管理	4-2 技术管理	(1) 二级 / 技师的技术指导	1) 二级 / 技师理论分析的指导	(1) 方法：讲授法、实训（练习）法 (2) 重点：对二级 / 技师按需进行技术指导 (3) 难点：通过实践操作指导使学员掌握相应技能	12
			2) 二级 / 技师实践操作的指导		
		(2) 新技术、新工艺的推广与应用	1) 电梯新技术、新工艺的推广与应用 ①电梯安装新技术、新工艺的推广与应用 ②电梯改造更新新技术、新工艺的推广与应用 ③电梯重大修理新技术、新工艺的推广与应用 ④电梯日常维护保养新技术、新工艺的推广与应用	(1) 方法：讲授法、讨论法、实训（练习）法 (2) 重点：新技术、新工艺的推广 (3) 难点：新技术、新工艺的应用	8
			2) 自动扶梯新技术、新工艺的推广与应用 ①自动扶梯安装新技术、新工艺的推广与应用 ②自动扶梯改造更新新技术、新工艺的推广与应用 ③自动扶梯重大修理新技术、新工艺的推广与应用 ④自动扶梯日常维护保养新技术、新工艺的推广与应用		
		(3) 总结本职业先进高效的安装工艺、维修技术等技术成果并编写技术报告	1) 先进高效的安装工艺成果总结与技术报告编写 ①先进高效的电梯安装工艺成果总结与技术报告编写 ②先进高效的自动扶梯安装工艺成果总结与技术报告编写	(1) 方法：讲授法、讨论法、实训（练习）法 (2) 重点：总结本职业先进高效的安装工艺与维修技术成果 (3) 难点：撰写先进高效的安装工艺、维修技术成果报告	16
			2) 先进高效的维修技术成果总结与技术报告编写 ①先进高效的电梯重大修理技术成果总结与技术报告编写 ②先进高效的电梯日常维护保养技术成果总结与技术报告编写 ③先进高效的自动扶梯重大修理技术成果总结与技术报告编写 ④先进高效的自动扶梯日常维护保养技术成果总结与技术报告编写		
课堂学时合计					380

2.2.7 培训建议中培训方法说明

（1）讲授法。讲授法指教师主要运用语言讲述，系统地向学员传授知识，传播思想理念。即教师通过叙述、描绘、解释、推论来传递信息、传授知识、阐明概念、论证定律和公式，引导学员获取知识，认识和分析问题。

（2）讨论法。讨论法指在教师的指导下，学员以班级或小组为单位，围绕学习单元的内容，对某一专题进行深入探讨，通过讨论或辩论活动，从而获得知识或巩固知识的一种教学方法，要求教师在讨论结束时对讨论的主题做归纳性总结。

（3）实训（练习）法。实训（练习）法指学员在教师的指导下巩固知识、运用知识、形成技能技巧的方法。通过实际操作的练习，形成操作技能。

（4）参观法。参观法指教师组织或指导学员进行实地观察、调查、研究和学习，使学员获得新知识或巩固已学知识的教学方法。参观法可细分为准备性参观、并行性参观、总结性参观等。

（5）演示法。演示法指在教学过程中，教师通过示范操作和讲解使学员获得知识、技能的教学方法。教学中，教师对操作内容进行现场演示，边操作边讲解，强调操作的关键步骤和注意事项，使学员边学边做，理论与技能并重，师生互动，提高学生的学习兴趣和学习效率。

（6）案例教学法。案例教学法指通过对案例进行分析，提出问题，分析问题，并找到解决问题的途径和手段，培养学员分析问题、处理问题的能力。

（7）项目教学法。项目教学法指以实际应用为目的，将理论知识与实际工作相结合，通过师生共同完成一个完整的项目工作，使学员获得知识和实践操作能力与解决实际问题能力的教学方法。其实施以小组为学习单位，一般分为确定项目任务、计划、决策、实施、检查和评价 6 个步骤。强调学员在学习过程中的主体地位，以学员为中心，以学员学习为主、教师指导为辅，通过完成教学项目，激发学员的学习积极性，使学员既获得相关理论知识，又掌握实践技能和工作方法，提高学员解决实际问题的综合能力。

（8）实物示教法。实物示教法指教师通过实物的操作演示或对学员实物操作演示的评价，实现对学员技能操作步骤和要领掌握情况的检查、纠正、修正，并演示正确操作方法的一种教学方法。

（9）观摩法。观摩法指让学员通过现场观摩、观看视频等形式，学习、获取知识、技能的一种教学方法。

2.3 考核规范

2.3.1 职业基本素质培训考核规范

<table>
<tr><th>考核范围</th><th>考核比重（%）</th><th>考核内容</th><th>考核比重（%）</th><th>考核单元</th></tr>
<tr><td rowspan="3">1. 职业认知与职业道德</td><td rowspan="3">15</td><td>1-1 职业认知</td><td>8</td><td>职业认知</td></tr>
<tr><td>1-2 职业道德基本知识</td><td>4</td><td>道德与职业道德知识</td></tr>
<tr><td>1-3 职业守则</td><td>3</td><td>电梯安装维修工职业守则</td></tr>
<tr><td rowspan="8">2. 基础知识</td><td rowspan="8">75</td><td>2-1 土建图与机械制图知识</td><td>15</td><td>土建图与机械制图知识</td></tr>
<tr><td rowspan="2">2-2 电梯结构与原理</td><td rowspan="2">25</td><td>（1）曳引电梯结构与原理</td></tr>
<tr><td>（2）自动扶梯结构与原理</td></tr>
<tr><td>2-3 机械基础知识</td><td>10</td><td>机械基础知识</td></tr>
<tr><td>2-4 电气基础知识</td><td>10</td><td>电气基础知识</td></tr>
<tr><td rowspan="2">2-5 安全防护知识</td><td rowspan="2">10</td><td>（1）现场文明生产要求</td></tr>
<tr><td>（2）安全、环保与消防知识</td></tr>
<tr><td>2-6 质量管理知识</td><td>5</td><td>质量管理知识</td></tr>
<tr><td rowspan="2">3. 法律法规及技术规范与标准</td><td rowspan="2">10</td><td rowspan="2">相关法律法规及技术规范与标准</td><td rowspan="2">10</td><td>（1）相关法律法规</td></tr>
<tr><td>（2）相关技术规范与标准</td></tr>
</table>

2.3.2　五级 / 初级职业技能培训理论知识考核规范

考核范围	考核比重（%）	考核内容	考核比重（%）	考核单元
1. 安装调试	23	1-1　机房设备安装调试	4	（1）限速器的安装
				（2）机房电气接线
		1-2　井道设备安装调试	8	（1）层站召唤、显示装置部件的安装
				（2）井道接线盒的安装
				（3）限速器张紧装置的安装调试
				（4）层门部件的安装
		1-3　轿厢对重设备安装调试	6	（1）轿厢部件的安装调试
				（2）轿厢导靴的安装
				（3）轿顶电气部件接线
		1-4　自动扶梯设备安装调试	5	（1）塞尺、抛光机的使用
				（2）护壁板的安装调试
				（3）内外盖板的安装调试
				（4）扶手导轨的安装调试
				（5）防护装置的安装
2. 诊断修理	23	2-1　机房设备诊断修理	8	（1）困人救援
				（2）主电源故障的诊断
		2-2　井道设备诊断修理	5	（1）井道位置信息装置的更换
				（2）层门、轿门导向装置故障的排除
		2-3　轿厢对重设备诊断修理	4	（1）轿内按钮、显示装置的更换
				（2）电梯轿厢照明设备、应急照明设备的更换
		2-4　自动扶梯设备诊断修理	6	（1）自动扶梯运行方向显示部件的更换
				（2）梳齿板异物卡阻故障的诊断与修理
				（3）扶手带导轨异物卡阻故障诊断与修理

续表

考核范围	考核比重（%）	考核内容	考核比重（%）	考核单元
3. 维护保养	54	3-1　机房设备维护保养	12	（1）编码器的维护保养
				（2）机房电气设备的维护保养
				（3）限速器销轴的润滑
		3-2　井道设备维护保养	9	（1）层门自动关闭装置的维护保养
				（2）对重块的维护保养
				（3）层门的维护保养
				（4）层门锁紧装置的维护保养
		3-3　轿厢对重设备维护保养	15	（1）开关门防夹人保护装置的维护保养
				（2）轿顶电气装置的维护保养
				（3）平层准确度的测量与判断
				（4）轿内操纵箱的检查
				（5）导轨润滑系统的维护保养
		3-4　自动扶梯设备维护保养	18	（1）自动扶梯盖板、护罩的开启
				（2）自动扶梯防护装置的维护保养
				（3）自动扶梯主驱动链的检查
				（4）自动扶梯显示、操作装置的检查
				（5）自动润滑装置油位检查与维护
				（6）梯级与相关部件间隙的测量

2.3.3　五级 / 初级职业技能培训操作技能考核规范

考核范围	考核比重（%）	考核内容	考核比重（%）	考核形式	重要程度	选考方式	考核时间（分钟）
1. 安装调试	40	1-1　机房设备安装调试	20	实操	X	抽考（三选一）	30
		1-2　井道设备安装调试	20	实操	X		30
		1-3　轿厢对重设备安装调试	20	实操	X		30
		1-4　自动扶梯设备安装调试	20	实操	X	必考	30

续表

考核范围	考核比重（%）	考核内容	考核比重（%）	考核形式	重要程度	选考方式	考核时间（分钟）
2. 诊断修理	15	2–1　机房设备诊断修理	7	实操	X	抽考（三选一）	30
		2–2　井道设备诊断修理	7	实操	X		30
		2–3　轿厢对重设备诊断修理	7	实操	Y		30
		2–4　自动扶梯设备诊断修理	8	实操	X	必考	30
3. 维护保养	45	3–1　机房设备维护保养	15	实操	X	抽考（三选二）	30
		3–2　井道设备维护保养	15	实操	X		30
		3–3　轿厢对重设备维护保养	15	实操	X		30
		3–4　自动扶梯设备维护保养	15	实操	X	必考	30

说明：重要程度

“X”表示核心要素，是鉴定中最重要、出现频率最高的内容，具有必备性、典型性的特点。“Y”表示一般要素，是鉴定中一般重要的内容。“Z”表示辅助要素，是鉴定中重要程度较低的内容。

2.3.4　四级 / 中级职业技能培训理论知识考核规范

考核范围	考核比重（%）	考核内容	考核比重（%）	考核单元
1. 安装调试	28	1–1　机房设备安装调试	6	（1）曳引机、承重钢梁、夹绳器的安装调试
				（2）控制柜的安装与接线
				（3）自锁紧楔形绳套的制作
		1–2　井道设备安装调试	9	（1）土建勘测与复核
				（2）样板架的设置与定位
				（3）层门部件的安装调试
				（4）井道位置信息装置的定位与安装

续表

考核范围	考核比重（%）	考核内容	考核比重（%）	考核单元
1. 安装调试	28	1-2　井道设备安装调试	9	（5）缓冲器的定位与安装
				（6）导轨的安装调试
				（7）曳引钢丝绳的安装
				（8）井道电缆的安装
				（9）补偿装置的安装调试
		1-3　轿厢对重设备安装调试	9	（1）轿厢架的安装调试
				（2）轿底及轿厢地坎的安装调试
				（3）对重装置的安装
				（4）轿厢开门机构、门扇的安装调试
				（5）轿顶护栏的安装
				（6）轿顶电气部件的安装
		1-4　自动扶梯设备安装调试	4	（1）围裙板的安装
				（2）扶手带及其导向件、张紧装置的安装调试
				（3）梯级的安装调试
				（4）土建勘测与复核
2. 诊断修理	29	2-1　机房设备诊断修理	10	（1）电气安全回路故障的排除
				（2）门锁回路故障的排除
				（3）制动器控制回路故障的排除
				（4）电梯电气回路的绝缘性能测试
				（5）限速器 - 安全钳联动试验
				（6）上行超速保护装置动作试验
				（7）空载曳引力、制动力试验
				（8）限速器动作速度校验
				（9）控制系统电气部件故障的排除
				（10）电梯方向、选层逻辑控制故障的排除

续表

考核范围	考核比重（%）	考核内容	考核比重（%）	考核单元
2. 诊断修理	29	2-2　井道设备诊断修理	8	（1）层门门扇联动与悬挂机构故障的排除
				（2）井道位置信号设备故障的排除
				（3）内外呼信号设备故障的排除
				（4）上、下极限开关位置的检查与调整
		2-3　轿厢对重设备诊断修理	5	（1）轿门门扇联动机构故障的排除
				（2）门机机械装置故障的排除
				（3）轿门悬挂机构故障的排除
				（4）门刀的安装、检查与调整
				（5）轿门门锁装置的安装、检查与调整
		2-4　自动扶梯设备诊断修理	6	（1）自动扶梯电气安全回路故障的排除
				（2）自动扶梯梯路异物卡阻故障的排除
3. 维护保养	43	3-1　机房设备维护保养	16	（1）限速器及其张紧轮的维护保养
				（2）曳引钢丝绳端接装置的维护保养
				（3）制动器监测装置的维护保养
				（4）控制柜仪表及显示装置的维护保养
				（5）曳引轮、导向轮的轮槽磨损检查
				（6）曳引钢丝绳的断丝、磨损、变形检查
				（7）电动机与减速箱联轴器螺栓的维护保养
				（8）减速箱润滑保养
				（9）电梯平衡系数的测量与判断

续表

考核范围	考核比重（%）	考核内容	考核比重（%）	考核单元
3. 维护保养	43	3-2　井道设备维护保养	5	（1）层门的维护保养
				（2）补偿链（缆、绳）的维护保养
				（3）随行电缆的维护保养
				（4）曳引钢丝绳公称直径的测量与判断
				（5）钢丝绳张力测量及张力差调整
		3-3　轿厢对重设备维护保养	4	（1）导靴间隙的检查与调整
				（2）门机机械装置的维护保养
				（3）轿门门锁及其电气开关的维护保养
				（4）电梯运行噪声的测量与判断
		3-4　自动扶梯设备维护保养	18	（1）扶手带系统的维护保养
				（2）主驱动链、扶手驱动链的维护保养
				（3）梯级链润滑装置的维护保养
				（4）梯级轴衬的维护保养
				（5）制动器间隙的检查与调整
				（6）梯级与相关部件间隙的检查与调整
				（7）自动扶梯制动距离试验及制动性能判断
				（8）梯级滚轮与梯级导轨的维护保养
				（9）主驱动链及梯级链的维护保养
				（10）附加制动器、制动器动作状态监测装置的维护保养
				（11）安全开关的维护保养
				（12）可编程安全系统的维护保养

2.3.5　四级 / 中级职业技能培训操作技能考核规范

考核范围	考核比重（%）	考核内容	考核比重（%）	考核形式	重要程度	选考方式	考核时间（分钟）
1. 安装调试	30	1-1　机房设备安装调试	10	实操	X	抽考（三选二）	30
		1-2　井道设备安装调试	10	实操	X		30
		1-3　轿厢对重设备安装调试	10	实操	X		30
		1-4　自动扶梯设备安装调试	10	实操	X	必考	30
2. 诊断修理	25	2-1　机房设备诊断修理	9	实操	Y	抽考（三选二）	30
		2-2　井道设备诊断修理	9	实操	Y		30
		2-3　轿厢对重设备诊断修理	9	实操	Y		30
		2-4　自动扶梯设备诊断修理	7	实操	X	必考	30
3. 维护保养	45	3-1　机房设备维护保养	15	实操	X	抽考（三选二）	30
		3-2　井道设备维护保养	15	实操	X		30
		3-3　轿厢对重设备维护保养	15	实操	X		30
		3-4　自动扶梯设备维护保养	15	实操	X	必考	30

2.3.6　三级 / 高级职业技能培训理论知识考核规范

考核范围	考核比重（%）	考核内容	考核比重（%）	考核单元
1. 安装调试	25	1-1　机房设备安装调试	2	（1）曳引轮与导向轮垂直度、平行度的检查与调整
			5	（2）检修运行功能的调试

续表

考核范围	考核比重（%）	考核内容	考核比重（%）	考核单元
1. 安装调试	25	1-2　井道设备安装调试	2	（1）根据土建布置图复核井道的垂直度和各层站门洞位置
			5	（2）2 ∶ 1悬挂比的电梯曳引钢丝绳安装
		1-3　轿厢对重设备安装调试	3	（1）安全钳、联动机构及导靴的安装与调整
			3	（2）轿门门刀的安装及门刀与门锁滚轮、地坎间隙的调整
		1-4　自动扶梯设备安装调试	2	（1）扶手带运行速度的调试
			3	（2）主电源与控制柜电气线路的安装及主电源的接通
2. 诊断修理	31	2-1　机房设备诊断修理	3	（1）使用拉马器等工具更换、调整主机、曳引轮、导向轮、主机减振垫
			4	（2）通过修改驱动参数调整电梯运行抖动、噪声
			3	（3）控制柜线路、元件、系统逻辑控制故障的检查与修理
			3	（4）曳引机制动器、减速箱油封、轴承的更换
		2-2　井道设备诊断修理	3	（1）电梯补偿链/缆、随行电缆、对重轮的更换
			2	（2）层门门扇、悬挂装置、地坎的更换与调整
		2-3　轿厢对重设备诊断修理	4	（1）轿顶轮、轿底轮、安全钳、轿厢轿架、自动门机系统的更换
			2	（2）电梯轿厢称重装置故障的检查与修理
		2-4　自动扶梯设备诊断修理	5	（1）扶手带及其驱动装置、链、轮、轴、主机、各类制动器的更换
			2	（2）通过修改控制参数调整自动扶梯运行速度、抖动

续表

考核范围	考核比重（%）	考核内容	考核比重（%）	考核单元
3. 维修保养	25	3-1　机房设备维护保养	2	（1）电梯驱动电动机速度检测装置的检查、调整与故障排除
			1	（2）使用百分表等工具检查并调整联轴器
			2	（3）制动器间隙、制动力的检查与调整
			2	（4）使用电梯乘运质量分析仪、转速表等检测电梯的速度及加速度
		3-2　井道设备维护保养	2	（1）使用刀口尺、刨刀等修整导轨接头
			2	（2）根据电梯运行的振动情况检查、调整导轨
			2	（3）层门、轿门联动机构的检查与调整
		3-3　轿厢对重设备维护保养	2	（1）轿厢减振垫的检查与调整
			2	（2）使用液压剪刀截短电梯曳引钢丝绳、钢带并调整缓冲距离
		3-4　自动扶梯设备维护保养	2	（1）扶手带托轮、滑轮群、防静电轮、梯级传动装置的检查与调整
			2	（2）进入梳齿板处的梯级与导轮轴向窜动量的检查与调整
			3	（3）速度检测装置及非操纵逆转监测装置的检查与调整
			1	（4）使用速度检测仪检测自动扶梯的运行速度
4. 改造更新	19	4-1　曳引驱动乘客电梯设备改造更新	2	（1）根据改造方案拆装、改造、调试不同规格型号的曳引机
			4	（2）根据改造方案拆装、改造、调试不同型号的控制系统
			3	（3）根据加层改造方案进行加层改造并调试曳引驱动乘客电梯
			1	（4）拆装、改造轿厢内部装潢并调整轿厢平衡与电梯平衡系数
			3	（5）根据悬挂比改造方案拆装、改造曳引系统的悬挂比

续表

考核范围	考核比重（%）	考核内容	考核比重（%）	考核单元
4. 改造更新	19	4-1 曳引驱动乘客电梯设备改造更新	2	（6）读卡器(IC卡)系统、残疾人操纵箱、能量反馈系统、应急平层装置及远程监控装置的加装与调试
		4-2 自动扶梯设备改造更新	2	（1）变频器及其外部控制设备的加装及自动扶梯变频控制功能的调试
			2	（2）自动扶梯控制系统的改造与调试

2.3.7 三级 / 高级职业技能培训操作技能考核规范

考核范围	考核比重（%）	考核内容	考核比重（%）	考核形式	重要程度	选考方式	考核时间（分钟）
1. 安装调试	20	1-1 机房设备安装调试	7	实操	X	必考	30
		1-2 井道设备安装调试	6	实操	X	抽考（二选一）	20
		1-3 轿厢对重设备安装调试	6	实操	X		20
		1-4 自动扶梯设备安装调试	7	实操	X	必考	20
2. 诊断修理	35	2-1 机房设备诊断修理	15	实操	X	必考	30
		2-2 井道设备诊断修理	10	实操	X	抽考（二选一）	20
		2-3 轿厢对重设备诊断修理	10	实操	X		20
		2-4 自动扶梯设备诊断修理	10	实操	X	必考	20
3. 维修保养	30	3-1 机房设备维护保养	10	实操	X	必考	20
		3-2 井道设备维护保养	10	实操	X	抽考（二选一）	20
		3-3 轿厢对重设备维护保养	10	实操	X		20
		3-4 自动扶梯设备维护保养	10	实操	X	必考	20

续表

考核范围	考核比重（%）	考核内容	考核比重（%）	考核形式	重要程度	选考方式	考核时间（分钟）
4. 改造更新	15	4-1　曳引驱动乘客电梯设备改造更新	10	笔试	Y	必考	30
		4-2　自动扶梯设备改造更新	5	笔试	Y	必考	30

2.3.8　二级 / 技师职业技能培训理论知识考核规范

考核范围	考核比重（%）	考核内容	考核比重（%）	考核单元
1. 安装调试	24	1-1　曳引驱动乘客电梯设备安装调试	10	（1）控制参数和驱动参数的设定及电梯运行功能与性能的调试
			3	（2）门机功能与性能的调试
			2	（3）轿厢静、动态平衡的测试与调整
			3	（4）电梯安装调试方案的编制
		1-2　自动扶梯设备安装调试	2	（1）分段式自动扶梯桁架和导轨的校正
			2	（2）自动扶梯电气控制参数的修改与运行功能的调试
			2	（3）大跨度自动扶梯中间支撑部件的安装与调整
2. 诊断修理	29	2-1　曳引驱动乘客电梯设备诊断修理	8	（1）电梯重复性故障的分析及其解决方案的提出
			5	（2）电梯偶发性故障的分析及其解决方案的提出
			5	（3）电梯重大修理的安全管理与施工方案编制
		2-2　自动扶梯设备诊断修理	4	（1）自动扶梯重复性故障的分析及其解决方案的提出
			3	（2）自动扶梯偶发性故障的分析及其解决方案的提出
			4	（3）自动扶梯重大修理的安全管理与施工方案编制

续表

考核范围	考核比重（%）	考核内容	考核比重（%）	考核单元
3. 改造更新	29	3–1　曳引驱动乘客电梯改造更新	5	（1）曳引系统改造施工管理与方案编制
			5	（2）控制系统改造施工管理与方案编制
			5	（3）加层改造施工管理与方案编制
			5	（4）悬挂比改造施工管理与方案编制
		3–2　自动扶梯设备改造更新	4	（1）加装变频器施工、调试和检验方案的编制
			5	（2）控制系统改造施工、调试和检验方案的编制
4. 培训管理	18	4–1　培训指导	4	（1）三级 / 高级及以下级别人员基础理论知识与专业技术理论知识的培训
			4	（2）三级 / 高级及以下级别人员技能操作的培训
			2	（3）三级 / 高级及以下级别人员查找和使用相关技术手册的指导
		4–2　技术管理	3	（1）电梯安装维修技术报告的撰写
			3	（2）三级 / 高级及以下级别人员的技术指导
			2	（3）技术总结与技术成果推广

2.3.9　二级 / 技师职业技能培训操作技能考核规范

考核范围	考核比重（%）	考核内容	考核比重（%）	考核形式	重要程度	选考方式	考核时间（分钟）
1. 安装调试	15	1–1　曳引驱动乘客电梯设备安装调试	10	实操	X	必考	30
		1–2　自动扶梯设备安装调试	5	实操	X	必考	20
2. 诊断修理	30	2–1　曳引驱动乘客电梯设备诊断修理	18	实操与笔试	X	必考	30
		2–2　自动扶梯设备诊断修理	12	实操与笔试	X	必考	20

续表

考核范围	考核比重（%）	考核内容	考核比重（%）	考核形式	重要程度	选考方式	考核时间（分钟）
3. 改造更新	35	3-1　曳引驱动乘客电梯改造更新	20	笔试与口试	X	必考	30
		3-2　自动扶梯设备改造更新	15	笔试与口试	X	必考	30
4. 培训管理	20	4-1　培训指导	10	笔试与口试	Y	必考	30
		4-2　技术管理	10	笔试与口试	Y	必考	30

2.3.10　一级 / 高级技师职业技能培训理论知识考核规范

考核范围	考核比重（%）	考核内容	考核比重（%）	考核单元
1. 安装调试	17	1-1　曳引驱动乘客电梯安装调试	6	（1）影响电梯启停、运行舒适感关联因素的分析与调整
			2	（2）导轨弯曲变形的原因分析与处理
			2	（3）在用电梯导轨的校正
		1-2　自动扶梯设备安装调试	3	（1）采用新技术、新材料、新工艺生产的自动扶梯和自动人行道的安装与调试
			4	（2）大跨度自动扶梯安装调试
2. 诊断修理	28	2-1　曳引驱动乘客电梯诊断修理	8	（1）电梯故障的统计分析及降低故障率改进方案的提出
			4	（2）运用新技术、新工艺、新材料改进电梯部件结构形式以降低失效风险
			3	（3）专用工具或设备的设计及电梯诊断、修理效率的提高
		2-2　自动扶梯诊断修理	6	（1）自动扶梯故障的统计分析及降低故障率改进方案的提出
			4	（2）运用新技术、新工艺、新材料改进自动扶梯部件结构形式以降低失效风险
			3	（3）专用工具或设备的设计与应用

续表

考核范围	考核比重（%）	考核内容	考核比重（%）	考核单元
3. 改造更新	33	3-1 曳引驱动乘客电梯改造更新	10	（1）电梯整机改造更新
			10	（2）电梯部件改造更新
		3-2 自动扶梯设备改造更新	8	（1）保留桁架的自动扶梯机械系统整体改造更新方案编制与工程管理
			5	（2）室内自动扶梯拆除更新的方案编制与工程管理
4. 培训管理	22	4-1 培训指导	4	（1）二级 / 技师基础理论知识、专业技术理论知识的培训
			4	（2）二级 / 技师技能操作的培训
			3	（3）二级 / 技师及以下级别人员撰写技术论文的指导
			2	（4）技术革新及技术难题的解决
		4-2 技术管理	3	（1）二级 / 技师的技术指导
			2	（2）新技术、新工艺的推广与应用
			4	（3）总结本职业先进高效的安装工艺、维修技术等技术成果并编写技术报告

2.3.11 一级 / 高级技师职业技能培训操作技能考核规范

考核范围	考核比重（%）	考核内容	考核比重（%）	考核形式	重要程度	选考方式	考核时间（分钟）
1. 安装调试	10	1-1 曳引驱动乘客电梯安装调试	5	实操	X	必考	30
		1-2 自动扶梯设备安装调试	5	实操	X	必考	30
2. 诊断修理	30	2-1 曳引驱动乘客电梯诊断修理	18	实操与笔试	X	必考	40
		2-2 自动扶梯诊断修理	12	实操与笔试	X	必考	40
3. 改造更新	30	3-1 曳引驱动乘客电梯改造更新	18	笔试与口试	X	必考	30
		3-2 自动扶梯设备改造更新	12	笔试与口试	X	必考	30

续表

考核范围	考核比重（%）	考核内容	考核比重（%）	考核形式	重要程度	选考方式	考核时间（分钟）
4. 培训管理	30	4-1　培训指导	15	笔试与口试	Y	必考	30
		4-2　技术管理	15	笔试与口试	Y	必考	30

附录

培训要求与课程规范对照表

附录 1　职业基本素质培训要求与课程规范对照表

2.1.1　职业基本素质培训要求			2.2.1　职业基本素质培训课程规范			
职业基本素质模块（模块）	培训内容（课程）	培训细目	学习单元	课程内容	培训建议	课堂学时
1. 职业认知与职业道德	1–1　职业认知	（1）电梯安装维修行业简介 （2）电梯安装维修工的工作内容	职业认知	1）电梯安装维修行业简介 ①电梯的定义（含自动扶梯） ②电梯安装维修的定义（含自动扶梯） ③电梯安装维修的工具、仪器、设备	（1）方法：讲授法、案例教学法 （2）重点：电梯安装维修工的工作内容	4
				2）电梯安装维修工的工作内容 ①了解曳引电梯安装作业工艺 ②了解曳引电梯维修作业工艺 ③了解自动扶梯安装作业工艺 ④了解自动扶梯维修作业工艺		
	1–2　职业道德基本知识	（1）职业道德修养 （2）电梯安装维修工道德与职业道德	道德与职业道德知识	1）职业道德 ①职业道德概念 ②职业道德内容 ③工作态度、安装维修质量、职业道德三者的关系 ④加强职业道德修养	（1）方法：讲授法、案例教学法 （2）重点：电梯安装维修工职业道德规范及其养成与应用	2
				2）电梯安装维修工职业道德规范		
	1–3　职业守则	电梯安装维修工职业守则	电梯安装维修工职业守则	1）遵纪守法，爱岗敬业	（1）方法：讲授法、案例教学法 （2）重点：电梯安装维修工职业守则	1
				2）工作认真，团结协作		
				3）爱护设备，安全操作		
				4）遵守规程，执行工艺		
				5）保护环境，文明生产		
2. 基础知识	2–1　土建图与机械制图知识	土建图与机械制图知识	土建图与机械制图知识	1）电梯土建图基本知识	（1）方法：讲授法、演示法 （2）重点与难点：识图基本知识	16
				2）零件图与装配图识读基本知识		

续表

2.1.1 职业基本素质培训要求			2.2.1 职业基本素质培训课程规范			
职业基本素质模块（模块）	培训内容（课程）	培训细目	学习单元	课程内容	培训建议	课堂学时
2. 基础知识	2–2 电梯结构与原理	（1）曳引电梯的基本结构与原理 （2）自动扶梯的基本结构与原理	（1）曳引电梯结构与原理	1）曳引电梯的基本机械结构	（1）方法：讲授法、演示法 （2）重点：曳引电梯的基本结构 （3）难点：曳引电梯的工作原理	16
				2）曳引电梯主要部件的工作原理		
			（2）自动扶梯结构与原理	1）自动扶梯的基本机械结构	（1）方法：讲授法、演示法 （2）重点：自动扶梯的基本结构 （3）难点：自动扶梯的工作原理	8
				2）自动扶梯主要部件的工作原理		
	2–3 机械基础知识	机械基础知识	机械基础知识	1）机械结构基本知识	（1）方法：讲授法、演示法 （2）重点与难点：机械传动原理	16
				2）机械传动基本知识		
	2–4 电气基础知识	电气基础知识	电气基础知识	1）直流电路基本知识	（1）方法：讲授法、演示法 （2）重点：电子元件的识别 （3）难点：电路图的识读	24
				2）交流电路基本知识		
				3）电工读图基本知识		
				4）电力变压器基本知识		
				5）常用电动机基本知识		
				6）常用低压电器基本知识		
				7）曳引电梯电气原理图、接线图基本知识		
				8）自动扶梯电气原理图、接线图基本知识		
	2–5 安全防护知识	（1）现场文明生产要求 （2）安全、环保与消防知识	（1）现场文明生产要求	现场文明生产要求	（1）方法：讲授法、实训（练习）法、案例教学法 （2）重点：现场文明生产要求	1.5
			（2）安全、环保与消防知识	1）电梯安装维修安全操作规范、危险源识别与劳动保护知识	（1）方法：讲授法、实训（练习）法、案例教学法 （2）重点：电梯安装维修安全操作规范	5.5
				2）现场急救知识		
				3）安全装置及安全操作规程		
				4）环境保护知识		
				5）施工安全及消防知识		

续表

2.1.1 职业基本素质培训要求			2.2.1 职业基本素质培训课程规范			
职业基本素质模块（模块）	培训内容（课程）	培训细目	学习单元	课程内容	培训建议	课堂学时
2. 基础知识	2-6 质量管理知识	（1）质量管理的概念 （2）质量管理的基本方法	质量管理知识	1）质量管理的概念	（1）方法：讲授法 （2）重点与难点：电梯安装维修质量管理的基本方法	2
				2）电梯安装维修质量管理的基本方法		
3. 法律法规及技术规范与标准	相关法律法规及技术规范与标准	（1）相关法律法规 （2）相关技术规范与标准	（1）相关法律法规	1）《中华人民共和国劳动法》相关知识	（1）方法：讲授法 （2）重点：《中华人民共和国安全生产法》相关知识	1
				2）《中华人民共和国劳动合同法》相关知识		
				3）《中华人民共和国安全生产法》相关知识		
				4）《中华人民共和国特种设备安全法》相关知识		
			（2）相关技术规范与标准	1）《电梯监督检验和定期检验规则》相关知识	（1）方法：讲授法 （2）重点与难点：《电梯监督检验和定期检验规则》相关知识	3
				2）《电梯维护保养规则》相关知识		
				3）《特种设备使用管理规则》相关知识		
				4）《特种设备制造、安装、改造、维修许可鉴定评审细则》相关知识		
				5）《电梯制造与安装安全规范》相关知识		
				6）《自动扶梯和自动人行道的制造与安装安全规范》相关知识		
				7）《安装于现有建筑物中的新电梯制造与安装安全规范》相关知识		
				8）《电梯技术条件》相关知识		
				9）《电梯试验方法》相关知识		
				10）《电梯安装验收规范》相关知识		
				11）《电梯、自动扶梯、自动人行道术语》相关知识		
课堂学时合计						100

附录 2　五级 / 初级职业技能培训要求与课程规范对照表

<table>
<tr><th colspan="4">2.1.2　五级 / 初级职业技能培训要求</th><th colspan="4">2.2.2　五级 / 初级职业技能培训课程规范</th></tr>
<tr><th>职业功能模块（模块）</th><th>培训内容（课程）</th><th>技能目标</th><th>培训细目</th><th>学习单元</th><th>课程内容</th><th>培训建议</th><th>课堂学时</th></tr>
<tr><td rowspan="15">1. 安装调试</td><td rowspan="8">1-1　机房设备安装调试</td><td rowspan="3">1-1-1　能使用线锤、旋具、扳手定位、安装限速器</td><td rowspan="3">（1）限速器的定位
（2）限速器的安装
（3）限速器垂直度的调整
（4）线锤的使用</td><td rowspan="3">（1）限速器的安装</td><td>1）限速器的作用</td><td rowspan="3">（1）方法：讲授法、实训（练习）法
（2）重点：限速器的安装与调整</td><td rowspan="3">2</td></tr>
<tr><td>2）限速器位置的确认方法</td></tr>
<tr><td>3）限速器的安装方法及要求</td></tr>
<tr><td rowspan="5">1-1-2　能使用剥线钳、尖嘴钳、斜口钳、钢锯等工具敷设线槽、线管和电线电缆</td><td rowspan="5">（1）机房线槽、线管的敷设
（2）机房电线电缆的敷设</td><td rowspan="5">（2）机房电气接线</td><td>1）机房接线图的识读</td><td rowspan="5">（1）方法：讲授法、实训（练习）法
（2）重点：线槽、线管的敷设
（3）难点：线槽、线管内电线电缆的敷设</td><td rowspan="5">4</td></tr>
<tr><td>2）机房线槽、线管的敷设方法及要求</td></tr>
<tr><td>3）线槽、线管内电线电缆的敷设方法及要求</td></tr>
<tr><td>4）线槽、线管的接地保护</td></tr>
<tr><td>5）接线、接线端子的压接、紧固方法及要求</td></tr>
<tr><td rowspan="7">1-2　井道设备安装调试</td><td rowspan="4">1-2-1　能安装层站召唤装置、层站显示装置和井道接线盒</td><td rowspan="4">（1）层站召唤装置的安装
（2）层站显示装置的安装
（3）井道接线盒的安装</td><td rowspan="2">（1）层站召唤、显示装置部件的安装</td><td>1）层站召唤、显示装置安装位置的确认方法</td><td rowspan="2">（1）方法：讲授法、实训（练习）法
（2）重点：层站召唤、显示装置的安装</td><td rowspan="2">2</td></tr>
<tr><td>2）层站召唤、显示装置的安装要求</td></tr>
<tr><td rowspan="2">（2）井道接线盒的安装</td><td>1）井道接线盒的作用</td><td rowspan="2">（1）方法：讲授法、实训（练习）法
（2）重点：井道接线盒的安装方法及要求</td><td rowspan="2">2</td></tr>
<tr><td>2）井道接线盒的安装方法及要求</td></tr>
<tr><td rowspan="3">1-2-2　能安装限速器张紧装置</td><td rowspan="3">（1）限速器张紧装置的安装
（2）限速器张紧装置的调整</td><td rowspan="3">（3）限速器张紧装置的安装调试</td><td>1）限速器张紧装置的类型及作用</td><td rowspan="3">（1）方法：讲授法、实训（练习）法
（2）重点与难点：限速器张紧装置的安装与调整</td><td rowspan="3">2</td></tr>
<tr><td>2）限速器张紧装置的安装方法及要求</td></tr>
<tr><td>3）限速器张紧装置的调整</td></tr>
</table>

续表

2.1.2　五级 / 初级职业技能培训要求				2.2.2　五级 / 初级职业技能培训课程规范			
职业功能模块（模块）	培训内容（课程）	技能目标	培训细目	学习单元	课程内容	培训建议	课堂学时
1. 安装调试	1–2　井道设备安装调试	1–2–3　能安装层门门套、悬挂装置、门扇、地坎装置	（1）电焊机及电锤钻的使用 （2）层门地坎的安装 （3）层门门套的安装 （4）层门悬挂装置的安装 （5）层门门扇的安装	（4）层门部件的安装	1）电焊机的使用方法及要求	（1）方法：讲授法、实训（练习）法 （2）重点与难点：层门系统部件的安装	8
					2）电锤钻的使用方法及要求		
					3）层门系统的结构		
					4）层门地坎的安装		
					5）层门门套的安装		
					6）层门悬挂装置的安装		
					7）层门门扇及开锁装置的安装		
	1–3　轿厢对重设备安装调试	1–3–1　能使用吊具、锤子、卷尺等工具安装轿顶、轿厢导靴、轿厢围壁、装饰吊顶、风机、照明设备、轿内操纵箱	（1）轿厢围壁的安装 （2）轿顶的安装 （3）装饰吊顶的安装 （4）风机、照明设备的安装 （5）轿内操纵箱的安装 （6）轿厢导靴的安装	（1）轿厢部件的安装调试	1）手拉葫芦起吊轿架部件的方法	（1）方法：讲授法、实训（练习）法 （2）重点：轿底部件的安装方法及要求 （3）难点：手拉葫芦起吊轿架部件的方法	8
					2）轿底部件的安装方法及要求		
					3）轿顶的安装与调整		
					4）轿厢围壁的安装与调整		
					5）轿内操纵箱的安装与调整		
					6）装饰吊顶的安装与调整		
					7）风机的安装		
					8）照明设备的安装		
				（2）轿厢导靴的安装	1）轿厢导靴的类型及作用	（1）方法：讲授法、实训（练习）法 （2）重点：轿厢导靴的安装方法	2
					2）轿厢导靴的安装方法		

续表

2.1.2　五级 / 初级职业技能培训要求				2.2.2　五级 / 初级职业技能培训课程规范			
职业功能模块（模块）	培训内容（课程）	技能目标	培训细目	学习单元	课程内容	培训建议	课堂学时
1. 安装调试	1-3　轿厢对重设备安装调试	1-3-2　能敷设风机、照明电气线路	（1）轿顶线缆的敷设 （2）轿顶风机接线 （3）轿顶照明设备接线	（3）轿顶电气部件接线	1）轿顶电气接线图的识读 2）轿顶线缆的敷设方法及要求 3）轿顶风机、照明设备的接线方法及要求	（1）方法：讲授法、实训（练习）法 （2）重点：轿顶线缆的敷设方法及要求	3
	1-4　自动扶梯设备安装调试	能安装自动扶梯内外盖板、护壁板、扶手导轨、防攀爬装置、防护挡板、防夹装置，并使用塞尺、抛光机调整内外盖板、护壁板、扶手导轨间隙和平整度	（1）内外盖板、护壁板的安装 （2）直线段扶手导轨的安装 （3）防攀爬装置、防护挡板的安装 （4）防夹装置的安装 （5）内外盖板、护壁板间隙和平整度的调整 （6）扶手导轨间隙和平整度的调整	（1）塞尺、抛光机的使用	1）塞尺的使用方法 2）抛光机的作用及使用方法	（1）方法：讲授法、实训（练习）法 （2）重点：抛光机的作用及使用方法	1
				（2）护壁板的安装调试	1）护壁板的类型及作用 2）护壁板的安装方法及要求 3）护壁板间隙和平整度的调整	（1）方法：讲授法、实训（练习）法 （2）重点与难点：护壁板的安装及间隙、平整度的调整	2
				（3）内外盖板的安装调试	1）内外盖板的安装方法及要求 2）内外盖板间隙和平整度的调整	（1）方法：讲授法、实训（练习）法 （2）重点与难点：内外盖板的安装及间隙、平整度的调整	2
				（4）扶手导轨的安装调试	1）扶手导轨的类型及作用 2）扶手导轨的安装方法及要求 3）扶手导轨间隙和平整度的调整	（1）方法：讲授法、实训（练习）法 （2）重点与难点：扶手导轨的安装及间隙、平整度的调整	2
				（5）防护装置的安装	1）防攀爬装置的安装方法及要求 2）防护挡板的安装方法 3）防夹装置的安装方法	（1）方法：讲授法、实训（练习）法 （2）重点：防攀爬装置的安装方法	2

续表

<table>
<tr><th colspan="4">2.1.2　五级 / 初级职业技能培训要求</th><th colspan="4">2.2.2　五级 / 初级职业技能培训课程规范</th></tr>
<tr><th>职业功能模块（模块）</th><th>培训内容（课程）</th><th>技能目标</th><th>培训细目</th><th>学习单元</th><th>课程内容</th><th>培训建议</th><th>课堂学时</th></tr>
<tr><td rowspan="16">2. 诊断修理</td><td rowspan="9">2-1　机房设备诊断修理</td><td rowspan="5">2-1-1　能使用紧急操作装置将轿厢移至开锁区域</td><td rowspan="5">（1）紧急操作的安全作业程序
（2）紧急操作装置的使用与救援实施</td><td rowspan="5">（1）困人救援</td><td>1）困人救援规范</td><td rowspan="5">（1）方法：讲授法、实训（练习）法
（2）重点：三角钥匙的使用方法及使用规范
（3）难点：手动紧急操作装置的使用方法</td><td rowspan="5">4</td></tr>
<tr><td>2）机房内确认轿厢开锁区域的方法</td></tr>
<tr><td>3）手动紧急操作装置的使用方法</td></tr>
<tr><td>4）紧急电动运行操作装置的使用方法</td></tr>
<tr><td>5）三角钥匙的使用方法及使用规范</td></tr>
<tr><td rowspan="4">2-1-2　能使用万用表诊断电梯主电源故障</td><td rowspan="4">（1）万用表的使用
（2）电梯主电源故障的诊断</td><td rowspan="4">（2）主电源故障的诊断</td><td>1）万用表的使用方法</td><td rowspan="4">（1）方法：讲授法、实训（练习）法
（2）重点与难点：主断路器的故障诊断、更换及接线</td><td rowspan="4">2</td></tr>
<tr><td>2）电梯主电源断相诊断及修复方法</td></tr>
<tr><td>3）电梯主电源错相诊断及修复方法</td></tr>
<tr><td>4）主断路器的故障诊断、更换及接线</td></tr>
<tr><td rowspan="7">2-2　井道设备诊断修理</td><td rowspan="4">2-2-1　能更换井道位置信息装置</td><td rowspan="4">（1）进入轿顶的操作规范
（2）井道位置信息装置的更换
（3）井道位置信息装置的调整</td><td rowspan="4">（1）井道位置信息装置的更换</td><td>1）进入轿顶的操作安全注意事项</td><td rowspan="4">（1）方法：讲授法、实训（练习）法
（2）重点：进入轿顶的操作安全注意事项</td><td rowspan="4">2</td></tr>
<tr><td>2）井道位置信息装置的作用及要求</td></tr>
<tr><td>3）井道位置信息装置的拆除</td></tr>
<tr><td>4）井道位置信息装置的安装、检查及调整</td></tr>
<tr><td rowspan="3">2-2-2　能修理电梯层门、轿门地坎槽及门导轨的异物卡阻故障</td><td rowspan="3">（1）层门、轿门地坎槽卡阻故障的排除
（2）层门、轿门门导轨卡阻故障的排除</td><td rowspan="3">（2）层门、轿门导向装置故障的排除</td><td>1）层门、轿门地坎导向装置的拆除、安装及调整
①层门、轿门地坎导向装置的拆除
②层门、轿门地坎导向装置的安装
③层门、轿门地坎导向装置的调整</td><td rowspan="3">（1）方法：讲授法、实训（练习）法
（2）重点：层门、轿门门导轨异物排除方法</td><td rowspan="3">2</td></tr>
<tr><td>2）层门、轿门地坎槽异物排除方法</td></tr>
<tr><td>3）层门、轿门门导轨异物排除方法</td></tr>
</table>

续表

2.1.2 五级 / 初级职业技能培训要求				2.2.2 五级 / 初级职业技能培训课程规范			
职业功能模块（模块）	培训内容（课程）	技能目标	培训细目	学习单元	课程内容	培训建议	课堂学时
2. 诊断修理	2-3 轿厢对重设备诊断修理	2-3-1 能更换轿内按钮与显示装置	（1）轿内按钮与对讲装置的更换 （2）轿内显示装置的更换	（1）轿内按钮、显示装置的更换	1）轿内按钮、显示装置的拆卸 2）轿内按钮、显示装置的安装与检查	（1）方法：讲授法、实训（练习）法 （2）重点与难点：轿内按钮、显示装置的拆装	2
		2-3-2 能诊断、修理电梯轿厢照明及应急照明设备故障	（1）电梯轿厢照明与通风设备故障的诊断与修理 （2）电梯轿厢应急照明及应急电源设备故障的诊断与修理	（2）电梯轿厢照明设备、应急照明设备的更换	1）轿厢照明设备、应急照明设备要求 2）电梯装饰吊顶及轿厢照明设备、应急照明设备的拆卸 3）电梯装饰吊顶及轿厢照明设备、应急照明设备的安装与检查	（1）方法：讲授法、实训（练习）法 （2）重点与难点：电梯装饰吊顶及轿厢照明设备、应急照明设备的拆装	2
	2-4 自动扶梯设备诊断修理	2-4-1 能更换自动扶梯运行方向显示部件	（1）自动扶梯运行显示的图案与故障诊断 （2）自动扶梯运行方向显示部件的更换	（1）自动扶梯运行方向显示部件的更换	1）自动扶梯运行方向显示部件要求 2）自动扶梯运行方向显示部件的拆卸 3）自动扶梯运行方向显示部件的安装与检查	（1）方法：讲授法、实训（练习）法 （2）重点与难点：自动扶梯运行方向显示部件的拆装	2
		2-4-2 能修理扶手带导轨、梳齿板的异物卡阻故障	（1）扶手带导轨的检查与修理 （2）梳齿板与梯级啮合深度的检查与调整 （3）梳齿板异物卡阻故障的修理	（2）梳齿板异物卡阻故障的诊断与修理	1）梳齿或梳齿板的拆卸 2）梳齿板异物排除方法 3）梳齿或梳齿板的安装 4）梳齿或梳齿板尺寸的调整	（1）方法：讲授法、实训（练习）法 （2）重点与难点：梳齿板异物排除方法	2
				（3）扶手带导轨异物卡阻故障的诊断与修理	1）扶手带张紧装置的松弛方法 2）从扶手导轨上拆扶手带的方法 3）扶手带导轨异物排除方法 4）在扶手导轨上安装扶手带的方法 5）扶手带的张紧要求及调整方法	（1）方法：讲授法、实训（练习）法 （2）重点：使扶手带张紧装置松弛的方法 （3）难点：扶手带在扶手导轨上的拆装	3

续表

2.1.2　五级 / 初级职业技能培训要求				2.2.2　五级 / 初级职业技能培训课程规范			
职业功能模块（模块）	培训内容（课程）	技能目标	培训细目	学习单元	课程内容	培训建议	课堂学时
3. 维护保养	3–1　机房设备维护保养	3–1–1　能检查、紧固编码器、电源箱和控制柜内接线端子	（1）编码器的检查维护 （2）机房设备电气接线端子的检查维护	（1）编码器的维护保养	1）编码器的作用	（1）方法：讲授法、实训（练习）法 （2）重点：编码器的维护保养要求	2
					2）编码器的维护保养要求		
					3）编码器的检查与调整		
				（2）机房电气设备的维护保养	1）控制柜的维护保养要求	（1）方法：讲授法、实训（练习）法 （2）重点与难点：机房电气设备接线端子的维护保养	2
					2）控制柜的检查、清洁及其接线端子的紧固		
					3）机房其他电气设备接线端子的检查与紧固		
		3–1–2　能使用油枪润滑限速器销轴部位	（1）限速器装置的形式 （2）使用油枪或油杯对限速器销轴部位进行润滑	（3）限速器销轴的润滑	1）限速器装置的形式	（1）方法：讲授法、实训（练习）法 （2）重点：限速器销轴的润滑	2
					2）限速器润滑油品要求		
					3）限速器销轴润滑要求		
					4）限速器销轴的润滑方法		
	3–2　井道设备维护保养	3–2–1　能检查、测试并调整层门自动关闭装置	（1）层门自动关闭装置的方式 （2）层门自动关闭装置的检查、测试及调整	（1）层门自动关闭装置的维护保养	1）层门自动关闭装置的形式及保养要求	（1）方法：讲授法、实训（练习）法 （2）重点与难点：层门自动关闭装置的维护保养	1
					2）层门自动关闭装置的检查与调整		
		3–2–2　能检查对重块数量并紧固其压板	（1）对重块数量的检查和对重块在对重架框内的正确标识 （2）不同材质的对重块在对重架内的安放要求 （3）对重块防跳压板的检查与紧固	（2）对重块的维护保养	1）平衡系数的含义、要求	（1）方法：讲授法、实训（练习）法 （2）重点：对重块压板的维护保养	3
					2）对重块数量的检查		
					3）对重块压板的检查与紧固		

续表

2.1.2 五级 / 初级职业技能培训要求				2.2.2 五级 / 初级职业技能培训课程规范			
职业功能模块（模块）	培训内容（课程）	技能目标	培训细目	学习单元	课程内容	培训建议	课堂学时
3. 维护保养	3-2 井道设备维护保养	3-2-3 能检查、调整层门的间隙	（1）层门门扇与门扇间隙的检查与调整 （2）层门门扇与门套间隙的检查与调整 （3）层门门扇与地坎间隙的检查与调整 （4）层门下口扒缝间隙的检查与调整	（3）层门的维护保养	1）层门与相关部件的间隙要求 2）层门间隙的检查与调整	（1）方法：讲授法、实训（练习）法 （2）重点：层门间隙的检查与调整	2
		3-2-4 能清洁、检查和调整层门门锁电气触点	（1）层门门锁电气触点的清洁与维护 （2）层门门锁电气触点的检查与调整	（4）层门锁紧装置的维护保养	1）紧急开锁装置的检查与调整 2）层门锁紧装置机械、电气维护保养要求 3）层门锁紧装置机械、电气检查与调整	（1）方法：讲授法、实训（练习）法 （2）重点与难点：层门锁紧装置机械、电气维护保养	2
	3-3 轿厢对重设备维护保养	3-3-1 能通过开关门试验检查防夹人保护装置的功能	（1）开关门防夹人保护装置应具有的安全功能 （2）开关门防夹人保护装置功能的检查与试验	（1）开关门防夹人保护装置的维护保养	1）关门时异物阻挡保护装置的作用与类型 2）关门时异物阻挡保护装置的维护保养要求 3）关门防夹人保护装置的功能试验、检查及调整	（1）方法：讲授法、实训（练习）法 （2）重点与难点：关门时异物阻挡保护装置与防夹人保护装置的功能试验、检查及调整	2
		3-3-2 能测试、判断轿顶检修开关、停止装置的功能	（1）轿顶检修开关的维护保养 （2）轿顶停止装置的维护保养	（2）轿顶电气装置的维护保养	1）轿顶控制装置（检修开关）的维护保养要求 2）轿顶停止装置的维护保养要求 3）轿顶控制装置、轿顶停止装置的检查	（1）方法：讲授法、实训（练习）法 （2）重点与难点：轿顶控制装置的维护保养要求	2
		3-3-3 能用量具测量及判断平层准确度	（1）平层准确度的测量 （2）平层准确度的判断	（3）平层准确度的测量与判断	1）平层准确度的要求 2）平层准确度的测量 3）平层准确度的判断	（1）方法：讲授法、实训（练习）法 （2）重点：平层准确度的测量	2

续表

2.1.2 五级 / 初级职业技能培训要求				2.2.2 五级 / 初级职业技能培训课程规范			
职业功能模块（模块）	培训内容（课程）	技能目标	培训细目	学习单元	课程内容	培训建议	课堂学时
3. 维护保养	3-3 轿厢对重设备维护保养	3-3-4 能检查轿内报警装置、对讲系统、轿内显示和指令按钮、读卡器（IC 卡）系统的功能	（1）轿内报警装置功能的检查 （2）轿内对讲系统功能的检查 （3）轿内显示和指令按钮功能的检查 （4）读卡器（IC 卡）系统功能的检查	（4）轿内操纵箱的检查	1）轿内操纵箱的维护保养要求	（1）方法：讲授法、实训（练习）法 （2）重点：轿内对讲系统、报警装置功能的检查 （3）难点：轿内操纵箱的维护保养要求	2
					2）轿内报警装置功能的检查		
					3）轿内对讲系统功能的检查		
					4）轿内显示和指令按钮功能的检查		
					5）读卡器（IC 卡）系统功能的检查		
		3-3-5 能检查、维护轿厢及对重导轨润滑系统	（1）轿厢导轨加油装置的维护保养 （2）对重导轨加油装置的维护保养 （3）轿厢导轨的润滑 （4）对重导轨的润滑	（5）导轨润滑系统的维护保养	1）导轨润滑保养要求	（1）方法：讲授法、实训（练习）法 （2）重点与难点：导轨润滑装置的检查与维护	2
					2）导轨润滑装置的检查与维护		
					3）导轨润滑装置的油量检查		
	3-4 自动扶梯设备维护保养	3-4-1 能开启自动扶梯上下机房、各驱动和转向站、电动机通风口的盖板或护罩	（1）自动扶梯上下机房盖板的开启 （2）自动扶梯各驱动和转向站、电动机通风口护罩的开启	（1）自动扶梯盖板、护罩的开启	1）自动扶梯上下机房盖板的开启	（1）方法：讲授法、实训（练习）法 （2）重点：自动扶梯上下机房盖板的开启	2
					2）自动扶梯各驱动和转向站、电动机通风口护罩的开启		
		3-4-2 能检查、调整自动扶梯防夹装置、防攀爬装置	（1）自动扶梯防夹装置的检查与调整 （2）自动扶梯防攀爬装置的检查与调整	（2）自动扶梯防护装置的维护保养	1）自动扶梯防夹装置的检查与调整	（1）方法：讲授法、实训（练习）法 （2）重点：自动扶梯防夹装置的检查与调整	2
					2）自动扶梯防攀爬装置的检查与调整		

续表

2.1.2 五级 / 初级职业技能培训要求				2.2.2 五级 / 初级职业技能培训课程规范			
职业功能模块（模块）	培训内容（课程）	技能目标	培训细目	学习单元	课程内容	培训建议	课堂学时
3. 维护保养	3-4 自动扶梯设备维护保养	3-4-3 能检查自动扶梯主驱动链、运行方向状态显示装置、启动开关、停止开关的功能	（1）自动扶梯主驱动链功能的检查 （2）自动扶梯运行方向状态显示装置功能的检查 （3）自动扶梯启动开关功能的检查 （4）自动扶梯停止开关功能的检查	（3）自动扶梯主驱动链的检查	1）自动扶梯主驱动链的维护保养要求	（1）方法：讲授法、实训（练习）法 （2）重点与难点：自动扶梯主驱动链功能的检查	2
					2）自动扶梯主驱动链功能的检查		
				（4）自动扶梯显示、操作装置的检查	1）自动扶梯运行方向状态显示装置功能的检查	（1）方法：讲授法、实训（练习）法 （2）重点与难点：自动扶梯停止开关功能的检查	2
					2）自动扶梯启动开关功能的检查		
		3-4-4 能检查、维护自动扶梯显示面板及操纵箱、检修控制装置	（1）自动扶梯显示面板及操纵箱的检查 （2）自动扶梯检修控制装置的检查		3）自动扶梯停止开关功能的检查		
					4）检修控制装置功能的检查		
		3-4-5 能检查、维护梯级链的自动润滑装置油位	（1）梯级链自动润滑装置油位检查 （2）梯级链自动润滑装置油位维护	（5）自动润滑装置油位检查与维护	1）梯级链油品要求	（1）方法：讲授法、实训（练习）法 （2）重点与难点：自动润滑装置油位检查与维护	2
					2）梯级链自动润滑装置油位检查		
					3）梯级链自动润滑装置油位维护		
		3-4-6 能测量梯级间、梯级与梳齿板、梯级与围裙板、梳齿板梳齿与梯级踏板面齿槽的间隙	（1）梯级间隙的测量 （2）梯级与梳齿板间隙的测量 （3）梯级与围裙板间隙的测量 （4）梳齿板梳齿与梯级踏板面齿槽间隙的测量	（6）梯级与相关部件间隙的测量	1）梯级与相关部件的间隙要求	（1）方法：讲授法、实训（练习）法 （2）重点：梳齿板梳齿与梯级踏板面齿槽间隙的测量 （3）难点：梯级与梳齿板间隙的测量	3
					2）梯级间隙的测量		
					3）梯级与梳齿板间隙的测量		
					4）梯级与围裙板间隙的测量		
					5）梳齿板梳齿与梯级踏板面齿槽间隙的测量		
课堂学时合计							100

附录 3　四级 / 中级职业技能培训要求与课程规范对照表

<table>
<tr><th colspan="4">2.1.3　四级 / 中级职业技能培训要求</th><th colspan="4">2.2.3　四级 / 中级职业技能培训课程规范</th></tr>
<tr><th>职业功能模块（模块）</th><th>培训内容（课程）</th><th>技能目标</th><th>培训细目</th><th>学习单元</th><th>课程内容</th><th>培训建议</th><th>课堂学时</th></tr>
<tr><td rowspan="16">1. 安装调试</td><td rowspan="13">1-1　机房设备安装调试</td><td rowspan="7">1-1-1　能使用起重设备、水平尺、钢直尺、电焊机、力矩扳手起吊、安装承重钢梁、底座、曳引机、导向轮、夹绳器</td><td rowspan="7">（1）承重钢梁的安装
（2）曳引机的安装
（3）夹绳器的安装</td><td rowspan="7">（1）曳引机、承重钢梁、夹绳器的安装调试</td><td>1）曳引机系统的安装工艺及要求</td><td rowspan="7">（1）方法：讲授法、实训（练习）法
（2）重点与难点：手拉葫芦吊曳引机的方法及安全注意事项</td><td rowspan="7">8</td></tr>
<tr><td>2）手拉葫芦吊曳引机的方法及安全注意事项</td></tr>
<tr><td>3）承重钢梁位置的确认</td></tr>
<tr><td>4）承重钢梁的安装与调整</td></tr>
<tr><td>5）曳引机的安装</td></tr>
<tr><td>6）曳引机座及导向轮的安装</td></tr>
<tr><td>7）夹绳器的安装与调整</td></tr>
<tr><td rowspan="3">1-1-2　能安装机房控制柜，接通控制柜的电气线路</td><td rowspan="3">（1）控制柜的安装
（2）控制柜的接线</td><td rowspan="3">（2）控制柜的安装与接线</td><td>1）控制柜接线图的识读</td><td rowspan="3">（1）方法：讲授法、实训（练习）法
（2）重点与难点：控制柜的安装及接线</td><td rowspan="3">4</td></tr>
<tr><td>2）控制柜的安装及接线要求</td></tr>
<tr><td>3）控制柜的安装及接线方法</td></tr>
<tr><td rowspan="3">1-1-3　能装配楔形自锁紧式曳引钢丝绳端接装置</td><td rowspan="3">（1）楔块端部开口销的防跳绳松动功能分析
（2）自锁紧楔形绳套短边钢丝绳的绑扎与固定
（3）楔形自锁紧式曳引钢丝绳端接装置的安装</td><td rowspan="3">（3）自锁紧楔形绳套的制作</td><td>1）自锁紧楔形绳套的形式及原理</td><td rowspan="3">（1）方法：讲授法、实训（练习）法
（2）重点与难点：自锁紧楔形绳套与钢丝绳结合制作</td><td rowspan="3">2</td></tr>
<tr><td>2）自锁紧楔形绳套与钢丝绳结合制作要求</td></tr>
<tr><td>3）自锁紧楔形绳套与钢丝绳结合制作</td></tr>
<tr><td rowspan="3">1-2　井道设备安装调试</td><td rowspan="3">1-2-1　能测量、复核土建布置图的尺寸数据</td><td rowspan="3">（1）机房的测量
（2）井道、层站土建尺寸的测量与判断</td><td rowspan="3">（1）土建勘测与复核</td><td>1）土建布置图的识读</td><td rowspan="3">（1）方法：讲授法、实训（练习）法
（2）重点与难点：土建布置图的识读</td><td rowspan="3">4</td></tr>
<tr><td>2）机房土建尺寸的测量与复核</td></tr>
<tr><td>3）井道、层站土建尺寸的测量与复核</td></tr>
</table>

续表

<table>
<tr><th colspan="4">2.1.3　四级 / 中级职业技能培训要求</th><th colspan="4">2.2.3　四级 / 中级职业技能培训课程规范</th></tr>
<tr><th>职业功能模块（模块）</th><th>培训内容（课程）</th><th>技能目标</th><th>培训细目</th><th>学习单元</th><th>课程内容</th><th>培训建议</th><th>课堂学时</th></tr>
<tr><td rowspan="17">1. 安装调试</td><td rowspan="17">1–2　井道设备安装调试</td><td rowspan="6">1–2–2　能制作样板架，并定位、固定样板线及样板架</td><td rowspan="6">（1）样板架的设置
（2）样板架的定位</td><td rowspan="6">（2）样板架的设置与定位</td><td>1）样板架的设置要求</td><td rowspan="6">（1）方法：讲授法、实训（练习）法
（2）重点与难点：样板架及样线的定位与调整</td><td rowspan="6">4</td></tr>
<tr><td>2）导轨校正工装放线图的识读</td></tr>
<tr><td>3）上样板架的设置</td></tr>
<tr><td>4）样线的设置</td></tr>
<tr><td>5）下样板架的设置</td></tr>
<tr><td>6）样板架及样线的定位与调整</td></tr>
<tr><td rowspan="11">1–2–3　能定位、调整层门的门套、悬挂装置、门扇、地坎、井道位置信息装置、缓冲器</td><td rowspan="11">（1）层门地坎的定位与调整
（2）层门门套的定位与调整
（3）悬挂装置的定位与调整
（4）层门门扇的调整
（5）井道位置信息装置的定位与安装
（6）轿厢、对重缓冲器的定位与安装</td><td rowspan="5">（3）层门部件的安装调试</td><td>1）层门系统的安装工艺及要求</td><td rowspan="5">（1）方法：讲授法、实训（练习）法
（2）重点与难点：层门系统的安装工艺及安装要求</td><td rowspan="5">4</td></tr>
<tr><td>2）层门地坎的定位与调整</td></tr>
<tr><td>3）层门门套的定位与调整</td></tr>
<tr><td>4）悬挂装置的定位与调整</td></tr>
<tr><td>5）层门门扇及开锁装置的调整</td></tr>
<tr><td rowspan="2">（4）井道位置信息装置的定位与安装</td><td>1）井道位置信息装置的定位</td><td rowspan="2">（1）方法：讲授法、实训（练习）法
（2）重点：井道位置信息装置的定位与安装</td><td rowspan="2">2</td></tr>
<tr><td>2）井道位置信息装置的安装</td></tr>
<tr><td rowspan="2">（5）缓冲器的定位与安装</td><td>1）缓冲器的定位</td><td rowspan="2">（1）方法：讲授法、实训（练习）法
（2）重点：缓冲器的定位与安装</td><td rowspan="2">2</td></tr>
<tr><td>2）缓冲器的安装</td></tr>
</table>

续表

2.1.3 四级 / 中级职业技能培训要求				2.2.3 四级 / 中级职业技能培训课程规范			
职业功能模块（模块）	培训内容（课程）	技能目标	培训细目	学习单元	课程内容	培训建议	课堂学时
1. 安装调试	1-2 井道设备安装调试	1-2-4 能安装轿厢及对重导轨、1：1悬挂比的电梯曳引钢丝绳、随行电缆、补偿链及补偿缆导向装置	（1）轿厢、对重导轨的安装 （2）1：1悬挂比的电梯曳引钢丝绳安装 （3）井道固定电缆、随行电缆的安装 （4）补偿链的安装与调整 （5）补偿缆导向装置的安装与调整	（6）导轨的安装调试	1）导轨校正工装的使用方法 2）导轨的安装方法及要求 3）轿厢、对重导轨的安装与调整	（1）方法：讲授法、实训（练习）法 （2）重点与难点：导轨校正工装的使用方法	4
				（7）曳引钢丝绳的安装	1）钢丝绳的装卸、搬运及保管要求 2）钢丝绳的解开要求 3）1：1悬挂比的电梯曳引钢丝绳安装	（1）方法：讲授法、实训（练习）法 （2）重点：钢丝绳的解开要求	4
				（8）井道电缆的安装	1）井道固定电缆的安装要求 2）井道随行电缆的安装要求 3）井道固定电缆、随行电缆的安装方法	（1）方法：讲授法、实训（练习）法 （2）重点与难点：井道固定电缆、随行电缆的安装	2
				（9）补偿装置的安装调试	1）补偿装置的安装要求 2）补偿链（缆、绳）的安装与调整方法 3）补偿缆导向装置的安装与调整方法	（1）方法：讲授法、实训（练习）法 （2）重点与难点：补偿链（缆、绳）的安装与调整方法	2
	1-3 轿厢对重设备安装调试	1-3-1 能起吊、安装轿厢架；安装轿厢地坎和轿底、对重架及其附件，并调整、校准轿厢地坎及轿底、两侧直梁	（1）轿厢架的起吊、安装及调整 （2）轿厢地坎的安装与调整 （3）轿底的安装与调整 （4）对重架及附件的安装	（1）轿厢架的安装调试	1）轿厢架的安装方法及要求 2）轿厢架的调整	（1）方法：讲授法、实训（练习）法 （2）重点与难点：轿厢架的安装与调整	4
				（2）轿底及轿厢地坎的安装调试	1）轿底的安装方法及要求 2）轿底的调整 3）轿厢地坎的安装与调整	（1）方法：讲授法、实训（练习）法 （2）重点与难点：轿底的安装与调整	4

续表

<table>
<tr><th colspan="4">2.1.3 四级 / 中级职业技能培训要求</th><th colspan="4">2.2.3 四级 / 中级职业技能培训课程规范</th></tr>
<tr><th>职业功能模块（模块）</th><th>培训内容（课程）</th><th>技能目标</th><th>培训细目</th><th>学习单元</th><th>课程内容</th><th>培训建议</th><th>课堂学时</th></tr>
<tr><td rowspan="15">1. 安装调试</td><td rowspan="15">1-3 轿厢对重设备安装调试</td><td rowspan="4">1-3-1 能起吊、安装轿厢架；安装轿厢地坎和轿底、对重架及其附件，并调整、校准轿厢地坎及轿底、两侧直梁</td><td rowspan="4">（1）轿厢架的起吊、安装及调整
（2）轿厢地坎的安装与调整
（3）轿底的安装与调整
（4）对重架及附件的安装</td><td rowspan="4">（3）对重装置的安装</td><td>1）对重架的安装方法</td><td rowspan="4">（1）方法：讲授法、实训（练习）法
（2）重点与难点：对重架的安装</td><td rowspan="4">4</td></tr>
<tr><td>2）对重导靴的安装方法及要求</td></tr>
<tr><td>3）对重铁的数量确定方法及安装方法</td></tr>
<tr><td>4）对重附件的安装方法</td></tr>
<tr><td rowspan="4">1-3-2 能安装、调整轿厢开门机构和门扇</td><td rowspan="4">（1）轿厢开门机构的安装与调整
（2）轿门门扇的安装与调整</td><td rowspan="4">（4）轿厢开门机构、门扇的安装调试</td><td>1）轿厢开门机构的安装方法及要求</td><td rowspan="4">（1）方法：讲授法、实训（练习）法
（2）重点与难点：轿厢开门机构的安装与调整</td><td rowspan="4">4</td></tr>
<tr><td>2）轿厢开门机构的调整</td></tr>
<tr><td>3）轿门门扇的安装方法及要求</td></tr>
<tr><td>4）轿门门扇的调整</td></tr>
<tr><td rowspan="7">1-3-3 能安装轿顶接线箱、护栏、检修盒、轿门开门限位装置，接通轿顶及轿厢电气线路</td><td rowspan="7">（1）轿顶护栏的安装
（2）轿顶接线箱、检修盒的安装
（3）轿顶电气部件接线
（4）轿顶与轿内操纵箱电气接线</td><td rowspan="2">（5）轿顶护栏的安装</td><td>1）轿顶护栏的安装要求</td><td rowspan="2">（1）方法：讲授法、实训（练习）法
（2）重点：轿顶护栏的安装</td><td rowspan="2">1</td></tr>
<tr><td>2）轿顶护栏的安装方法</td></tr>
<tr><td rowspan="5">（6）轿顶电气部件的安装</td><td>1）轿顶电气部件接线图的识读</td><td rowspan="5">（1）方法：讲授法、实训（练习）法
（2）重点：轿顶电气部件接线图的识读
（3）难点：轿顶电气部件接线</td><td rowspan="5">3</td></tr>
<tr><td>2）轿顶电气部件的安装要求</td></tr>
<tr><td>3）轿顶接线箱、检修盒的安装</td></tr>
<tr><td>4）轿顶电气部件接线</td></tr>
<tr><td>5）轿顶与轿内操纵箱电气接线</td></tr>
</table>

续表

<table>
<tr><th colspan="4">2.1.3 四级 / 中级职业技能培训要求</th><th colspan="4">2.2.3 四级 / 中级职业技能培训课程规范</th></tr>
<tr><th>职业功能模块（模块）</th><th>培训内容（课程）</th><th>技能目标</th><th>培训细目</th><th>学习单元</th><th>课程内容</th><th>培训建议</th><th>课堂学时</th></tr>
<tr><td rowspan="9">1. 安装调试</td><td rowspan="9">1-4 自动扶梯设备安装调试</td><td rowspan="7">1-4-1 能安装围裙板、扶手带、梯级</td><td rowspan="7">（1）围裙板的安装
（2）扶手带的安装
（3）梯级的安装</td><td rowspan="2">（1）围裙板的安装</td><td>1）围裙板的安装要求</td><td rowspan="2">（1）方法：讲授法、实训（练习）法
（2）重点与难点：围裙板的安装</td><td rowspan="2">2</td></tr>
<tr><td>2）围裙板的安装方法</td></tr>
<tr><td rowspan="3">（2）扶手带及其导向件、张紧装置的安装调试</td><td>1）扶手带的安装</td><td rowspan="3">（1）方法：讲授法、实训（练习）法
（2）重点与难点：扶手带张紧装置的安装</td><td rowspan="3">4</td></tr>
<tr><td>2）扶手带导向件的安装</td></tr>
<tr><td>3）扶手带张紧装置的安装与调整</td></tr>
<tr><td rowspan="2">（3）梯级的安装调试</td><td>1）梯级的安装方法及要求</td><td rowspan="2">（1）方法：讲授法、实训（练习）法
（2）重点与难点：梯级的安装</td><td rowspan="2">2</td></tr>
<tr><td>2）梯级的调整</td></tr>
<tr><td rowspan="2">1-4-2 能测量现场土建尺寸，复核自动扶梯设计图样</td><td rowspan="2">（1）采用不同仪器与设施对自动扶梯土建尺寸进行测量
（2）自动扶梯土建尺寸的复核</td><td rowspan="2">（4）土建勘测与复核</td><td>1）自动扶梯土建布置图的识读</td><td rowspan="2">（1）方法：讲授法、实训（练习）法
（2）重点：自动扶梯土建尺寸的测量与判断</td><td rowspan="2">4</td></tr>
<tr><td>2）自动扶梯土建尺寸的测量与判断</td></tr>
<tr><td rowspan="6">2. 诊断修理</td><td rowspan="6">2-1 机房设备诊断修理</td><td rowspan="6">2-1-1 能诊断、修理电气安全回路、门锁回路、制动器控制回路引起的故障</td><td rowspan="6">（1）电气安全回路故障的诊断与修理
（2）门锁回路故障的诊断与修理
（3）制动器控制回路故障的诊断与修理</td><td rowspan="3">（1）电气安全回路故障的排除</td><td>1）电气安全回路图的识读</td><td rowspan="3">（1）方法：讲授法、实训（练习）法
（2）重点：电气安全回路图识读
（3）难点：电气安全回路故障的诊断</td><td rowspan="3">3</td></tr>
<tr><td>2）电气安全回路故障的诊断</td></tr>
<tr><td>3）电气安全回路故障的修理</td></tr>
<tr><td rowspan="3">（2）门锁回路故障的排除</td><td>1）门锁回路图的识读</td><td rowspan="3">（1）方法：讲授法、实训（练习）法
（2）重点与难点：门锁回路故障的诊断</td><td rowspan="3">3</td></tr>
<tr><td>2）门锁回路故障的诊断</td></tr>
<tr><td>3）门锁回路故障的修理</td></tr>
</table>

续表

2.1.3 四级 / 中级职业技能培训要求				2.2.3 四级 / 中级职业技能培训课程规范			
职业功能模块（模块）	培训内容（课程）	技能目标	培训细目	学习单元	课程内容	培训建议	课堂学时
2. 诊断修理	2-1 机房设备诊断修理	2-1-1 能诊断、修理电气安全回路、门锁回路、制动器控制回路引起的故障	（1）电气安全回路故障的诊断与修理 （2）门锁回路故障的诊断与修理 （3）制动器控制回路故障的诊断与修理	（3）制动器控制回路故障的排除	1）制动器控制回路图的识读 2）制动器控制回路故障的诊断 3）制动器控制回路故障的修理	（1）方法：讲授法、实训（练习）法 （2）重点与难点：制动器控制回路故障的诊断	3
		2-1-2 能使用绝缘电阻测试仪测试并判断电梯的导电回路绝缘性能	（1）绝缘电阻测试仪的使用 （2）电梯主回路、电源回路、控制回路、信号回路的绝缘性能测试及判断	（4）电梯电气回路的绝缘性能测试	1）绝缘电阻测试仪的使用方法 2）电梯导电回路的绝缘电阻要求 3）电梯导电回路的绝缘性能测试方法 4）电梯主回路、电源回路、控制回路、信号回路的绝缘性能测试及判断	（1）方法：讲授法、实训（练习）法 （2）重点与难点：电梯导电回路的绝缘性能测试及判断	3
		2-1-3 能进行限速器－安全钳联动试验、上行超速保护装置动作试验、空载曳引力试验及制动力试验、轿厢意外移动保护装置动作试验，判断电梯安全性能	（1）限速器－安全钳联动试验及电梯安全性能判断 （2）上行超速保护装置动作试验及电梯安全性能判断 （3）空载曳引力试验、制动力试验及电梯安全性能判断 （4）轿厢意外移动保护装置动作试验及电梯安全性能判断	（5）限速器－安全钳联动试验	1）限速器－安全钳联动试验方法 2）限速器－安全钳联动试验要求 3）限速器－安全钳联动试验及电梯安全性能判断	（1）方法：讲授法、实训（练习）法 （2）重点与难点：限速器－安全钳联动试验及电梯安全性能判断	2
				（6）上行超速保护装置动作试验	1）上行超速保护装置动作试验方法 2）上行超速保护装置动作试验要求 3）上行超速保护装置动作试验及电梯安全性能判断	（1）方法：讲授法、实训（练习）法 （2）重点与难点：上行超速保护装置动作试验及电梯安全性能判断	2
				（7）空载曳引力、制动力试验	1）空载曳引力、制动力试验方法 2）空载曳引力、制动力试验要求 3）空载曳引力、制动力试验及电梯安全性能判断	（1）方法：讲授法、实训（练习）法 （2）重点与难点：空载曳引力、制动力试验及电梯安全性能判断	2

续表

2.1.3 四级/中级职业技能培训要求				2.2.3 四级/中级职业技能培训课程规范			
职业功能模块（模块）	培训内容（课程）	技能目标	培训细目	学习单元	课程内容	培训建议	课堂学时
2. 诊断修理	2-1 机房设备诊断修理	2-1-4 能使用限速器校验仪校验限速器动作速度	（1）限速器校验仪的使用 （2）限速器动作速度校验方法	（8）限速器动作速度校验	1）限速器校验仪的使用方法	（1）方法：讲授法、实训（练习）法 （2）重点与难点：限速器动作速度校验	2
					2）限速器动作速度校验要求		
					3）限速器动作速度校验方法		
		2-1-5 能诊断、修理控制系统电气部件及电梯方向、选层逻辑控制故障	（1）控制系统电气部件故障的诊断与修理 （2）电梯方向、选层逻辑控制故障的诊断与修理	（9）控制系统电气部件故障的排除	1）控制系统电气线路图的识读	（1）方法：讲授法、实训（练习）法 （2）重点与难点：控制系统电气部件故障的诊断	3
					2）控制系统电气部件故障的诊断		
					3）控制系统电气部件故障的修理		
				（10）电梯方向、选层逻辑控制故障的排除	1）电梯方向、选层逻辑控制线路图的识读	（1）方法：讲授法、实训（练习）法 （2）重点与难点：电梯方向、选层逻辑控制故障的诊断	3
					2）电梯方向、选层逻辑控制故障的诊断		
					3）电梯方向、选层逻辑控制故障的修理		
	2-2 井道设备诊断修理	2-2-1 能诊断、修理层门门扇联动与悬挂机构、井道位置信号设备、内外呼信号的故障	（1）层门门扇联动机构故障的诊断与修理 （2）层门悬挂机构故障的诊断与修理 （3）井道位置信号设备故障的诊断与修理 （4）内外呼信号故障的诊断与修理	（1）层门门扇联动与悬挂机构故障的排除	1）层门门扇联动与悬挂机构的结构和原理	（1）方法：讲授法、实训（练习）法 （2）重点与难点：层门门扇联动与悬挂机构故障的诊断	4
					2）层门门扇联动与悬挂机构故障的诊断		
					3）层门悬挂机构部件的拆卸		
					4）层门悬挂机构部件的安装与调整		
				（2）井道位置信号设备故障的排除	1）井道位置信号设备的结构和原理	（1）方法：讲授法、实训（练习）法 （2）重点与难点：井道位置信号设备故障的诊断	2
					2）井道位置信号设备电气接线图的识读		
					3）井道位置信号设备故障的诊断		
					4）井道位置信号设备部件的拆卸		
					5）井道位置信号设备部件的安装与调整		

续表

2.1.3 四级 / 中级职业技能培训要求				2.2.3 四级 / 中级职业技能培训课程规范			
职业功能模块（模块）	培训内容（课程）	技能目标	培训细目	学习单元	课程内容	培训建议	课堂学时
2. 诊断修理	2-2 井道设备诊断修理	2-2-1 能诊断、修理层门门扇联动与悬挂机构、井道位置信号设备、内外呼信号的故障	（1）层门门扇联动机构故障的诊断与修理 （2）层门悬挂机构故障的诊断与修理 （3）井道位置信号设备故障的诊断与修理 （4）内外呼信号故障的诊断与修理	（3）内外呼信号设备故障的排除	1）内外呼信号设备的结构和原理 2）内外呼信号设备电气接线图的识读 3）内外呼信号设备故障的诊断 4）内外呼信号设备部件的拆卸 5）内外呼信号设备部件的安装与检查	（1）方法：讲授法、实训（练习）法 （2）重点与难点：内外呼信号设备故障的诊断	2
		2-2-2 能调整上、下极限开关位置	上、下极限开关位置的检查与调整	（4）上、下极限开关位置的检查与调整	1）上、下极限开关位置要求 2）上、下极限开关位置的检查与调整方法	（1）方法：讲授法、实训（练习）法 （2）重点与难点：上、下极限开关位置的检查与调整方法	2
	2-3 轿厢对重设备诊断修理	2-3-1 能诊断、修理轿门门扇联动机构、悬挂机构、门机机械装置开关门故障	（1）轿门门扇联动机构故障的诊断与修理 （2）门机机械装置开关门故障的诊断与修理 （3）轿门悬挂机构故障的诊断与修理	（1）轿门门扇联动机构故障的排除	1）轿门门扇联动机构的结构和原理 2）轿门门扇联动机构故障的诊断 3）轿门门扇联动机构部件的拆卸 4）轿门门扇联动机构部件的安装与调整	（1）方法：讲授法、实训（练习）法 （2）重点与难点：轿门门扇联动机构故障的诊断	4
				（2）门机机械装置故障的排除	1）门机机械装置开关门原理 2）门机机械装置开关门故障的诊断 3）门机机械装置开关门部件的拆卸 4）门机机械装置开关门部件的安装与调整	（1）方法：讲授法、实训（练习）法 （2）重点与难点：门机机械装置开关门故障的诊断	4

续表

2.1.3　四级/中级职业技能培训要求				2.2.3　四级/中级职业技能培训课程规范			
职业功能模块（模块）	培训内容（课程）	技能目标	培训细目	学习单元	课程内容	培训建议	课堂学时
2. 诊断修理	2-3　轿厢对重设备诊断修理	2-3-1　能诊断、修理轿门门扇联动机构、悬挂机构、门机机械装置开关门故障	（1）轿门门扇联动机构故障的诊断与修理 （2）门机机械装置开关门故障的诊断与修理 （3）轿门悬挂机构故障的诊断与修理	（3）轿门悬挂机构故障的排除	1）轿门悬挂机构的结构和原理 2）轿门悬挂机构故障的诊断 3）轿门悬挂机构部件的拆卸 4）轿门悬挂机构部件的安装与调整	（1）方法：讲授法、实训（练习）法 （2）重点与难点：轿门悬挂机构故障的诊断	4
		2-3-2　能检查、调整门刀和轿门门锁机械、电气装置	（1）门刀的检查与调整 （2）轿门门锁机械、电气装置的检查与调整	（4）门刀的安装、检查与调整	1）门刀的安装要求 2）门刀的检查 3）门刀的调整	（1）方法：讲授法、实训（练习）法 （2）重点与难点：门刀的检查与调整	2
				（5）轿门门锁装置的安装、检查与调整	1）轿门门锁机械装置的安装要求 2）轿门门锁电气装置的安装要求 3）轿门门锁机械、电气装置的检查与调整	（1）方法：讲授法、实训（练习）法 （2）重点与难点：轿门门锁机械、电气装置的检查与调整	2
	2-4　自动扶梯设备诊断修理	2-4-1　能诊断、修理电气安全回路故障	（1）自动扶梯的安全保护功能和各部位电气安全装置的设置 （2）自动扶梯电气安全回路故障的诊断与修理	（1）自动扶梯电气安全回路故障的排除	1）自动扶梯电气安全回路图的识读 2）自动扶梯电气安全回路故障的诊断 3）接线端子的紧固 4）安全开关的拆卸、安装及调整	（1）方法：讲授法、实训（练习）法 （2）重点与难点：自动扶梯电气安全回路故障的诊断	4

续表

2.1.3 四级 / 中级职业技能培训要求				2.2.3 四级 / 中级职业技能培训课程规范			
职业功能模块（模块）	培训内容（课程）	技能目标	培训细目	学习单元	课程内容	培训建议	课堂学时
2. 诊断修理	2-4 自动扶梯设备诊断修理	2-4-2 能诊断、修理异物卡阻引起的运行抖动及噪声	（1）自动扶梯异物卡阻引起的运行抖动现象的诊断与修理 （2）自动扶梯异物卡阻引起的运行噪声的诊断与修理	（2）自动扶梯梯路异物卡阻故障的排除	1）自动扶梯梯路的结构和原理 2）自动扶梯梯级振动标准 3）自动扶梯梯级的拆卸 4）自动扶梯梯路检查及异物去除 5）自动扶梯梯级的安装	（1）方法：讲授法、实训（练习）法 （2）重点与难点：梯路检查及异物去除	7
3. 维护保养	3-1 机房设备维护保养	3-1-1 能检查、调整限速器及其张紧轮、钢丝绳端接装置、制动器监测装置、控制柜仪表及显示装置	（1）限速器及其张紧轮的检查与调整 （2）钢丝绳端接装置的检查与调整 （3）制动器监测装置的检查与调整 （4）控制柜仪表及显示装置的检查与调整	（1）限速器及其张紧轮的维护保养	1）限速器及其张紧轮的维护保养要求 2）限速器及其张紧轮的检查与调整	（1）方法：讲授法、实训（练习）法 （2）重点与难点：限速器及其张紧轮的检查与调整	2
				（2）曳引钢丝绳端接装置的维护保养	1）曳引钢丝绳端接装置的维护保养要求 2）曳引钢丝绳端接装置的检查与调整	（1）方法：讲授法、实训（练习）法 （2）重点与难点：曳引钢丝绳端接装置的检查与调整	2
				（3）制动器监测装置的维护保养	1）制动器监测装置的维护保养要求 2）制动器监测装置的检查与调整	（1）方法：讲授法、实训（练习）法 （2）重点与难点：制动器监测装置的检查与调整	2
				（4）控制柜仪表及显示装置的维护保养	1）控制柜仪表及显示装置的维护保养要求 2）控制柜仪表及显示装置的检查与调整	（1）方法：讲授法、实训（练习）法 （2）重点与难点：控制柜仪表及显示装置的检查与调整	2

续表

2.1.3 四级 / 中级职业技能培训要求				2.2.3 四级 / 中级职业技能培训课程规范			
职业功能模块（模块）	培训内容（课程）	技能目标	培训细目	学习单元	课程内容	培训建议	课堂学时
3. 维护保养	3-1 机房设备维护保养	3-1-2 能检查曳引轮、导向轮轮槽磨损状况及曳引钢丝绳断丝、磨损、变形等状况	（1）曳引轮、导向轮轮槽磨损检查 （2）曳引钢丝绳断丝、磨损、变形等检查	（5）曳引轮、导向轮的轮槽磨损检查	1）曳引轮、导向轮的轮槽磨损极限值标准 2）曳引轮、导向轮的轮槽磨损检查方法 3）曳引轮、导向轮轮槽磨损程度的判断	（1）方法：讲授法、实训（练习）法 （2）重点与难点：曳引轮、导向轮的轮槽磨损检查	2
				（6）曳引钢丝绳的断丝、磨损、变形检查	1）曳引钢丝绳的断丝、磨损极限值标准 2）曳引钢丝绳的断丝、磨损、变形检查方法 3）曳引钢丝绳断丝、磨损、变形程度的判断	（1）方法：讲授法、实训（练习）法 （2）重点与难点：曳引钢丝绳的断丝、磨损、变形检查方法	2
		3-1-3 能检查、紧固电动机与减速箱联轴器螺栓	电动机与减速箱联轴器螺栓的检查与紧固	（7）电动机与减速箱联轴器螺栓的维护保养	1）电动机与减速箱联轴器介绍 2）电动机与减速箱联轴器螺栓的紧固要求 3）电动机与减速箱联轴器螺栓的检查与紧固	（1）方法：讲授法、实训（练习）法 （2）重点与难点：电动机与减速箱联轴器螺栓的检查与紧固	2
		3-1-4 能检查、更换减速箱润滑油	（1）减速箱润滑保养要求 （2）减速箱润滑油的检查与更换	（8）减速箱润滑保养	1）减速箱润滑保养要求 2）减速箱润滑油的检查与更换	（1）方法：讲授法、实训（练习）法 （2）重点：减速箱润滑油的检查与更换	2
		3-1-5 能使用钳形电流表测量电梯平衡系数	（1）钳形电流表的使用 （2）电梯平衡系数的测量	（9）电梯平衡系数的测量与判断	1）钳形电流表的使用方法 2）电流法测试电梯平衡系数的要求及方法 3）电流－载荷曲线表的制作方法 4）电梯平衡系数的判断方法	（1）方法：讲授法、实训（练习）法 （2）重点与难点：电流法测试电梯平衡系数	4

续表

<table>
<tr><th colspan="4">2.1.3 四级 / 中级职业技能培训要求</th><th colspan="4">2.2.3 四级 / 中级职业技能培训课程规范</th></tr>
<tr><th>职业功能模块（模块）</th><th>培训内容（课程）</th><th>技能目标</th><th>培训细目</th><th>学习单元</th><th>课程内容</th><th>培训建议</th><th>课堂学时</th></tr>
<tr><td rowspan="14">3. 维护保养</td><td rowspan="14">3-2 井道设备维护保养</td><td rowspan="6">3-2-1 能检查、调整层门各部件、补偿链（缆、绳）、随行电缆</td><td rowspan="6">（1）层门各部件的检查与调整
（2）补偿链（缆、绳）的检查与调整
（3）随行电缆的检查与调整</td><td rowspan="2">（1）层门的维护保养</td><td>1）层门的维护保养要求</td><td rowspan="2">（1）方法：讲授法、实训（练习）法
（2）重点：层门各部件的检查与调整</td><td rowspan="2">2</td></tr>
<tr><td>2）层门各部件的检查与调整</td></tr>
<tr><td rowspan="2">（2）补偿链（缆、绳）的维护保养</td><td>1）补偿链（缆、绳）的维护保养要求</td><td rowspan="2">（1）方法：讲授法、实训（练习）法
（2）重点与难点：补偿链（缆、绳）的检查与调整</td><td rowspan="2">2</td></tr>
<tr><td>2）补偿链（缆、绳）的检查与调整</td></tr>
<tr><td rowspan="2">（3）随行电缆的维护保养</td><td>1）随行电缆的维护保养要求</td><td rowspan="2">（1）方法：讲授法、实训（练习）法
（2）重点：随行电缆的检查与调整</td><td rowspan="2">2</td></tr>
<tr><td>2）随行电缆的检查与调整</td></tr>
<tr><td rowspan="3">3-2-2 能使用游标卡尺测量曳引钢丝绳的公称直径</td><td rowspan="3">（1）游标卡尺的使用
（2）曳引钢丝绳公称直径的测量</td><td rowspan="3">（4）曳引钢丝绳公称直径的测量与判断</td><td>1）游标卡尺的使用方法</td><td rowspan="3">（1）方法：讲授法、实训（练习）法
（2）重点：曳引钢丝绳公称直径的测量</td><td rowspan="3">2</td></tr>
<tr><td>2）曳引钢丝绳公称直径的磨损极限值要求</td></tr>
<tr><td>3）曳引钢丝绳公称直径的测量与判断方法</td></tr>
<tr><td rowspan="5">3-2-3 能使用拉力计测量、计算及调整钢丝绳的张力差</td><td rowspan="5">（1）拉力计的使用
（2）钢丝绳张力的测量
（3）钢丝绳张力差的计算与调整</td><td rowspan="5">（5）钢丝绳张力测量及张力差调整</td><td>1）拉力计的使用方法</td><td rowspan="5">（1）方法：讲授法、实训（练习）法
（2）重点与难点：钢丝绳张力差的调整方法</td><td rowspan="5">4</td></tr>
<tr><td>2）钢丝绳张力的测量方法</td></tr>
<tr><td>3）钢丝绳张力差的计算方法</td></tr>
<tr><td>4）钢丝绳张力差要求</td></tr>
<tr><td>5）钢丝绳张力差的调整方法</td></tr>
</table>

续表

<table>
<tr><th colspan="4">2.1.3 四级 / 中级职业技能培训要求</th><th colspan="4">2.2.3 四级 / 中级职业技能培训课程规范</th></tr>
<tr><th>职业功能模块（模块）</th><th>培训内容（课程）</th><th>技能目标</th><th>培训细目</th><th>学习单元</th><th>课程内容</th><th>培训建议</th><th>课堂学时</th></tr>
<tr><td rowspan="14">3. 维护保养</td><td rowspan="14">3–3 轿厢对重设备维护保养</td><td rowspan="10">3–3–1 能检查、调整导靴间隙、门机机械装置、轿门门锁及其电气开关</td><td rowspan="10">（1）导靴间隙的检查与调整
（2）门机机械装置的检查与调整
（3）轿门门锁及其电气开关的检查与调整</td><td rowspan="4">（1）导靴间隙的检查与调整</td><td>1）导靴的种类和形式</td><td rowspan="4">（1）方法：讲授法、实训（练习）法
（2）重点：导靴的维护保养要求
（3）难点：导靴靴衬的更换</td><td rowspan="4">2</td></tr>
<tr><td>2）导靴的维护保养要求
①刚性滑动导靴的维护保养要求
②弹性滑动导靴的维护保养要求
③滚轮（动）导靴的维护保养要求</td></tr>
<tr><td>3）导靴间隙的检查与调整</td></tr>
<tr><td>4）滑动、滚轮导靴靴衬的更换</td></tr>
<tr><td rowspan="3">（2）门机机械装置的维护保养</td><td>1）门机机械装置的结构</td><td rowspan="3">（1）方法：讲授法、实训（练习）法
（2）重点与难点：门机机械装置的检查与调整</td><td rowspan="3">2</td></tr>
<tr><td>2）门机机械装置的维护保养要求</td></tr>
<tr><td>3）门机机械装置的检查与调整</td></tr>
<tr><td rowspan="3">（3）轿门门锁及其电气开关的维护保养</td><td>1）轿门机械锁的维护保养要求</td><td rowspan="3">（1）方法：讲授法、实训（练习）法
（2）重点与难点：轿门门锁及其电气开关的检查与调整</td><td rowspan="3">2</td></tr>
<tr><td>2）轿门门锁电气开关的维护保养要求</td></tr>
<tr><td>3）轿门门锁及其电气开关的检查与调整</td></tr>
<tr><td rowspan="4">3–3–2 能使用声级计测试电梯的运行噪声</td><td rowspan="4">（1）声级计的使用
（2）电梯运行噪声的测试</td><td rowspan="4">（4）电梯运行噪声的测量与判断</td><td>1）声级计的使用方法</td><td rowspan="4">（1）方法：讲授法、实训（练习）法
（2）重点：电梯运行噪声的测量与判断方法</td><td rowspan="4">2</td></tr>
<tr><td>2）电梯运行噪声标准</td></tr>
<tr><td>3）电梯运行噪声的测量方法</td></tr>
<tr><td>4）电梯运行噪声的判断方法</td></tr>
</table>

续表

<table>
<tr><th colspan="4">2.1.3　四级 / 中级职业技能培训要求</th><th colspan="4">2.2.3　四级 / 中级职业技能培训课程规范</th></tr>
<tr><th>职业功能模块（模块）</th><th>培训内容（课程）</th><th>技能目标</th><th>培训细目</th><th>学习单元</th><th>课程内容</th><th>培训建议</th><th>课堂学时</th></tr>
<tr><td rowspan="15">3. 维护保养</td><td rowspan="15">3-4　自动扶梯设备维护保养</td><td rowspan="12">3-4-1　能检查、调整扶手带系统、驱动链系统、梯级轴衬、梯级链润滑装置</td><td rowspan="12">（1）扶手带系统的检查与调整
（2）驱动链系统的检查与调整
（3）梯级轴衬的检查与调整
（4）梯级链润滑装置的检查与调整</td><td rowspan="3">（1）扶手带系统的维护保养</td><td>1）扶手带系统的结构</td><td rowspan="3">（1）方法：讲授法、实训（练习）法
（2）重点：扶手带系统的检查与调整</td><td rowspan="3">2</td></tr>
<tr><td>2）扶手带系统的维护保养要求</td></tr>
<tr><td>3）扶手带系统的检查与调整</td></tr>
<tr><td rowspan="3">（2）主驱动链、扶手驱动链的维护保养</td><td>1）主驱动链、扶手驱动链的结构</td><td rowspan="3">（1）方法：讲授法、实训（练习）法
（2）重点与难点：主驱动链、扶手驱动链的检查、调整及润滑</td><td rowspan="3">4</td></tr>
<tr><td>2）主驱动链、扶手驱动链润滑保养要求</td></tr>
<tr><td>3）主驱动链、扶手驱动链的检查、调整及润滑</td></tr>
<tr><td rowspan="3">（3）梯级链润滑装置的维护保养</td><td>1）梯级链润滑装置的结构</td><td rowspan="3">（1）方法：讲授法、实训（练习）法
（2）重点与难点：梯级链润滑装置的检查、调整及润滑</td><td rowspan="3">2</td></tr>
<tr><td>2）梯级链润滑保养要求</td></tr>
<tr><td>3）梯级链润滑装置的检查、调整及润滑</td></tr>
<tr><td rowspan="3">（4）梯级轴衬的维护保养</td><td>1）梯级轴衬的结构</td><td rowspan="3">（1）方法：讲授法、实训（练习）法
（2）重点与难点：梯级轴衬的检查与润滑</td><td rowspan="3">2</td></tr>
<tr><td>2）梯级轴衬润滑保养要求</td></tr>
<tr><td>3）梯级轴衬的检查与润滑</td></tr>
<tr><td rowspan="3">3-4-2　能检查、调整制动器间隙、梯级间隙及梯级与梳齿板、梯级与围裙板、梳齿与梯级踏板面齿槽的间隙</td><td rowspan="3">（1）制动器间隙的检查与调整</td><td rowspan="3">（5）制动器间隙的检查与调整</td><td>1）制动器的结构</td><td rowspan="3">（1）方法：讲授法、实训（练习）法
（2）重点与难点：制动器间隙的检查与调整</td><td rowspan="3">2</td></tr>
<tr><td>2）制动器间隙的要求</td></tr>
<tr><td>3）制动器间隙的检查与调整方法</td></tr>
</table>

续表

2.1.3　四级 / 中级职业技能培训要求				2.2.3　四级 / 中级职业技能培训课程规范			
职业功能模块（模块）	培训内容（课程）	技能目标	培训细目	学习单元	课程内容	培训建议	课堂学时
3. 维护保养	3-4　自动扶梯设备维护保养	3-4-2　能检查、调整制动器间隙、梯级间隙及梯级与梳齿板、梯级与围裙板、梳齿与梯级踏板面齿槽的间隙	（2）梯级间隙的检查与调整 （3）梯级与梳齿板间隙的检查与调整 （4）梯级与围裙板间隙的检查与调整 （5）梳齿与梯级踏板面齿槽间隙的检查与调整	（6）梯级与相关部件间隙的检查与调整	1）梯级与相关部件间隙的要求 ①梯级间隙的要求 ②梯级与梳齿板间隙的要求 ③梯级与围裙板间隙的要求 ④梳齿与梯级踏板面齿槽间隙的要求 2）梯级与相关部件间隙的检查与调整方法 ①梯级间隙的检查与调整方法 ②梯级与梳齿板间隙的检查与调整方法 ③梯级与围裙板间隙的检查与调整方法 ④梳齿与梯级踏板面齿槽间隙的检查与调整方法	（1）方法：讲授法、实训（练习）法 （2）重点：梯级间隙的要求 （3）难点：梯级与相关部件间隙的调整	4
		3-4-3　能进行自动扶梯空载、有载向下运行制动距离试验并判断制动性能	（1）自动扶梯空载向下运行制动距离试验及制动性能判断 （2）自动扶梯有载向下运行制动距离试验及制动性能判断	（7）自动扶梯制动距离试验及制动性能判断	1）自动扶梯空载、有载向下运行制动距离要求 2）自动扶梯制动距离测试仪器的使用方法 3）自动扶梯空载、有载向下运行制动距离试验及制动性能判断	（1）方法：讲授法、实训（练习）法 （2）重点：自动扶梯空载、有载向下运行制动距离试验及制动性能判断	3
		3-4-4　能检查、调整梯级滚轮及导轨、主驱动链及梯级链张紧装置、附加制动器、制动器动作状态监测装置	（1）梯级滚轮及导轨的检查与调整	（8）梯级滚轮与梯级导轨的维护保养	1）梯级导轨、滚轮的维护保养要求 2）梯级滚轮的拆卸与装配 3）梯级导轨接头台阶的检查与调整 4）梯级导轨的检查与清洁	（1）方法：讲授法、实训（练习）法 （2）重点与难点：梯级滚轮的拆卸与装配	4

续表

<table>
<tr><th colspan="4">2.1.3　四级 / 中级职业技能培训要求</th><th colspan="4">2.2.3　四级 / 中级职业技能培训课程规范</th></tr>
<tr><th>职业功能模块（模块）</th><th>培训内容（课程）</th><th>技能目标</th><th>培训细目</th><th>学习单元</th><th>课程内容</th><th>培训建议</th><th>课堂学时</th></tr>
<tr><td rowspan="8">3. 维护保养</td><td rowspan="8">3-4　自动扶梯设备维护保养</td><td rowspan="6">3-4-4　能检查、调整梯级滚轮及导轨、主驱动链及梯级链张紧装置、附加制动器、制动器动作状态监测装置</td><td rowspan="6">（2）主驱动链及梯级链张紧装置的检查与调整
（3）附加制动器的检查与调整
（4）制动器动作状态监测装置的检查与调整</td><td rowspan="3">（9）主驱动链及梯级链的维护保养</td><td>1）主驱动链及梯级链张紧装置的结构</td><td rowspan="3">（1）方法：讲授法、实训（练习）法
（2）重点与难点：主驱动链及梯级链张紧程度的检查与调整</td><td rowspan="3">2</td></tr>
<tr><td>2）主驱动链及梯级链张紧要求</td></tr>
<tr><td>3）主驱动链及梯级链张紧程度的检查与调整</td></tr>
<tr><td rowspan="3">（10）附加制动器、制动器动作状态监测装置的维护保养</td><td>1）附加制动器的结构和功能</td><td rowspan="3">（1）方法：讲授法、实训（练习）法
（2）重点与难点：附加制动器、制动器监测装置的检查与调整</td><td rowspan="3">4</td></tr>
<tr><td>2）附加制动器、制动器动作状态监测装置的维护保养要求</td></tr>
<tr><td>3）附加制动器、制动器监测装置的检查与调整</td></tr>
<tr><td rowspan="2">3-4-5　能检查并维护梯级下陷开关、梯级链和主驱动链异常伸长开关、超速保护装置、扶手带速度监控系统、梯级缺失监测装置、梳齿板开关</td><td rowspan="2">（1）梯级下陷开关的检查与调整
（2）梯级链和主驱动链异常伸长开关的检查与调整
（3）超速保护装置的检查与调整
（4）扶手带速度监控系统的检查与调整
（5）梯级缺失监测装置的检查与调整
（6）梳齿板开关的检查与调整</td><td rowspan="2">（11）安全开关的维护保养</td><td>1）梯级下陷开关的维护保养
①梯级下陷开关的作用和维护保养要求
②梯级下陷开关的检查与调整</td><td rowspan="2">（1）方法：讲授法、实训（练习）法
（2）重点：各安全开关的检查与调整</td><td rowspan="2">8</td></tr>
<tr><td>2）梯级链异常伸长开关的维护保养
①梯级链异常伸长开关的作用和维护保养要求
②梯级链异常伸长开关的检查与调整</td></tr>
</table>

续表

2.1.3 四级 / 中级职业技能培训要求				2.2.3 四级 / 中级职业技能培训课程规范			
职业功能模块（模块）	培训内容（课程）	技能目标	培训细目	学习单元	课程内容	培训建议	课堂学时
3. 维护保养	3-4 自动扶梯设备维护保养	3-4-5 能检查并维护梯级下陷开关、梯级链和主驱动链异常伸长开关、超速保护装置、扶手带速度监控系统、梯级缺失监测装置、梳齿板开关	（1）梯级下陷开关的检查与调整 （2）梯级链和主驱动链异常伸长开关的检查与调整 （3）超速保护装置的检查与调整 （4）扶手带速度监控系统的检查与调整 （5）梯级缺失监测装置的检查与调整 （6）梳齿板开关的检查与调整	（11）安全开关的维护保养	3）主驱动链异常伸长开关的维护保养 ①主驱动链异常伸长开关的作用和维护保养要求 ②主驱动链异常伸长开关的检查与调整 4）梳齿板开关的维护保养 ①梳齿板开关的作用和维护保养要求 ②梳齿板开关的检查与调整	（1）方法：讲授法、实训（练习）法 （2）重点：各安全开关的检查与调整	8
				（12）可编程安全系统的维护保养	1）超速保护装置的维护保养 ①超速保护装置的作用和维护保养要求 ②超速保护装置的检查与调整 2）扶手带速度监控系统的维护保养 ①扶手带速度监控系统的作用和维护保养要求 ②扶手带速度监控系统的检查与调整 3）梯级缺失监测装置的维护保养 ①梯级缺失监测装置的作用和维护保养要求 ②梯级缺失监测装置的检查与调整	（1）方法：讲授法、实训（练习）法 （2）重点：各可编程安全系统的检查与调整 （3）难点：超速保护装置的检查与调整	6
课堂学时合计							220

附录 4　三级 / 高级职业技能培训要求与课程规范对照表

<table>
<tr><th colspan="4">2.1.4　三级 / 高级职业技能培训要求</th><th colspan="4">2.2.4　三级 / 高级职业技能培训课程规范</th></tr>
<tr><th>职业功能模块（模块）</th><th>培训内容（课程）</th><th>技能目标</th><th>培训细目</th><th>学习单元</th><th>课程内容</th><th>培训建议</th><th>课堂学时</th></tr>
<tr><td rowspan="2">1. 安装调试</td><td rowspan="2">1-1　机房设备安装调试</td><td>1-1-1　能检查、调整曳引轮与导向轮的垂直度、平行度</td><td>（1）曳引轮、导向轮垂直度的检查与调整
（2）曳引轮、导向轮平行度的检查与调整
（3）全绕式系统曳引轮、导向轮平移错位与曳引轮－导向轮绳槽分中的检查与调整</td><td>（1）曳引轮与导向轮垂直度、平行度的检查与调整</td><td>1）曳引轮、导向轮垂直度的检查与调整要求
2）曳引轮、导向轮平行度的检查与调整要求
3）全绕式系统曳引轮与导向轮平行度的检查与调整要求
①曳引轮与导向轮的平行偏置要求
②曳引机组相对轿厢、对重中心的要求
③全绕式曳引钢丝绳在曳引轮与导向轮上的切角均分</td><td>（1）方法：项目教学法、实物示教法、实训（练习）法
（2）重点：曳引轮与导向轮的调整
（3）难点：全绕式曳引轮－导向轮绳槽的相对分中</td><td>4</td></tr>
<tr><td>1-1-2　能调试检修运行功能</td><td>（1）检修运行调试前必须完成项目的检查与复核
（2）主控制器、变频器检修运行参数与功能的设置与调试
（3）轿顶检修运行端站限位装置的安装与调整</td><td>（2）检修运行功能的调试</td><td>1）检修运行调试前的检查项目
2）控制和驱动系统检修运行参数与功能的设置
①分布式控制集中管理系统合成自学习
②主控制器运行参数设置
③变频器输入电源相位的检查与调整
④电动机参数的输入
⑤变频器－电动机自学习
⑥变频器检修运行参数的设置
3）轿顶检修运行端站限位装置的安装
①井道上 / 下端站安全限位装置的安装
②轿顶检修运行磁开关的安装</td><td>（1）方法：项目教学法、实物示教法、实训（练习）法
（2）重点：检修运行参数与功能调试
（3）难点：分布式控制集中管理系统合成自学习</td><td>16</td></tr>
</table>

续表

<table>
<tr><th colspan="4">2.1.4　三级 / 高级职业技能培训要求</th><th colspan="4">2.2.4　三级 / 高级职业技能培训课程规范</th></tr>
<tr><th>职业功能模块（模块）</th><th>培训内容（课程）</th><th>技能目标</th><th>培训细目</th><th>学习单元</th><th>课程内容</th><th>培训建议</th><th>课堂学时</th></tr>
<tr><td rowspan="7">1. 安装调试</td><td rowspan="4">1-2　井道设备安装调试</td><td rowspan="2">1-2-1　能根据土建布置图复核井道的垂直度和各层站门洞位置</td><td rowspan="2">井道垂直度和各层站门洞位置的复核</td><td rowspan="2">（1）根据土建布置图复核井道的垂直度和各层站门洞位置</td><td>1）根据土建布置图对井道尺寸和各层站门洞尺寸进行复核</td><td rowspan="2">（1）方法：项目教学法、观摩法、实训（练习）法
（2）重点：实际偏离尺寸的复核
（3）难点：根据多梯的分中线与十字分割线复核各梯土建尺寸</td><td rowspan="2">2</td></tr>
<tr><td>2）同一候梯厅梯群布置的各梯相对尺寸要求
①梯群布置样板架的整体制作要求
②各梯在机房和候梯厅尺寸的均分（分中线与十字分割）要求
③均分后根据样板线对各梯井道与层站门洞相对位置进行测量和复核</td></tr>
<tr><td rowspan="2">1-2-2　能安装 2∶1 悬挂比的电梯曳引钢丝绳</td><td rowspan="2">（1）2∶1 悬挂比的电梯曳引钢丝绳安装
（2）曳引钢丝绳组合在机架绳头板上垂直相交的旋转排序和绳孔的定位
（3）2∶1 悬挂比的电梯曳引钢丝绳张力测量与调整</td><td rowspan="2">（2）2∶1 悬挂比的电梯曳引钢丝绳安装</td><td>1）2∶1 悬挂比的电梯曳引钢丝绳的安装工艺
①在曳引轮或导向轮与轿顶轮或对重轮呈垂直十字相交状态时曳引钢丝绳组合的旋转方向要求
②曳引钢丝绳组合在机架绳头板上垂直相交的旋转排序和绳孔的定位方法</td><td rowspan="2">（1）方法：项目教学法、观摩法、实物示教法
（2）重点：2∶1 悬挂比的电梯曳引钢丝绳安装
（3）难点：曳引钢丝绳安装后的张力调整</td><td rowspan="2">24</td></tr>
<tr><td>2）电梯曳引钢丝绳安装后张力的测量与调整方法</td></tr>
<tr><td rowspan="3">1-3　轿厢对重设备安装调试</td><td rowspan="3">1-3-1　能安装、调整安全钳、联动机构及导靴</td><td rowspan="3">（1）滑动导靴的安装与调整
（2）滚轮导靴的安装与调整
（3）安全钳与联动机构的安装与调整
（4）限速器 - 安全钳与联动机构的测试</td><td rowspan="3">（1）安全钳、联动机构及导靴的安装与调整</td><td>1）导靴的安装与调整方法
①滑动导靴的安装与调整方法
②滚轮导靴的安装与调整方法</td><td rowspan="3">（1）方法：项目教学法、观摩法、实物示教法、实训（练习）法
（2）重点：安全钳与联动机构的安装与调整
（3）难点：限速器 - 安全钳与联动机构的试验与测试</td><td rowspan="3">16</td></tr>
<tr><td>2）安全钳与联动机构的安装与调整方法</td></tr>
<tr><td>3）限速器 - 安全钳与联动机构的试验与测试</td></tr>
</table>

续表

<table>
<tr><th colspan="4">2.1.4　三级 / 高级职业技能培训要求</th><th colspan="4">2.2.4　三级 / 高级职业技能培训课程规范</th></tr>
<tr><th>职业功能模块（模块）</th><th>培训内容（课程）</th><th>技能目标</th><th>培训细目</th><th>学习单元</th><th>课程内容</th><th>培训建议</th><th>课堂学时</th></tr>
<tr><td rowspan="10">1. 安装调试</td><td rowspan="3">1-3　轿厢对重设备安装调试</td><td rowspan="3">1-3-2　能安装轿门门刀，调整门刀与门锁滚轮、地坎的间隙</td><td rowspan="3">（1）轿门门刀的安装与调整
（2）轿门门刀与层门门锁滚轮啮合尺寸的调整
（3）轿门门刀与层门地坎间隙的调整</td><td rowspan="3">（2）轿门门刀的安装及门刀与门锁滚轮、地坎间隙的调整</td><td>1）轿门门刀的安装与调整方法</td><td rowspan="3">（1）方法：项目教学法、实物示教法、实训（练习）法
（2）重点：轿门门刀的安装与调整
（3）难点：各啮合尺寸与间隙的调整</td><td rowspan="3">4</td></tr>
<tr><td>2）轿门门刀与层门门锁滚轮啮合尺寸的调整方法</td></tr>
<tr><td>3）轿门门刀与层门地坎间隙的调整方法</td></tr>
<tr><td rowspan="7">1-4　自动扶梯设备安装调试</td><td rowspan="3">1-4-1　能调试扶手带的运行速度</td><td rowspan="3">（1）扶手带驱动装置的调整
（2）扶手带摩擦与张紧装置的调整
（3）扶手带张力与运行速度的调试</td><td rowspan="3">（1）扶手带运行速度的调试</td><td>1）扶手带驱动装置的调整方法
①扶手带驱动轮与扶手带内侧摩擦中心位置的调整方法
②扶手带驱动张紧压轮压力的调整方法
③扶手带导向装置的调整方法</td><td rowspan="3">（1）方法：项目教学法、实物示教法、实训（练习）法
（2）重点：扶手带张力与运行速度的调试
（3）难点：扶手带摩擦与张紧装置的调整</td><td rowspan="3">8</td></tr>
<tr><td>2）扶手带摩擦与张紧装置的调整方法</td></tr>
<tr><td>3）扶手带张力与运行速度的调试方法</td></tr>
<tr><td rowspan="4">1-4-2　能安装电气主电源，接通主电源与控制柜的电气线路</td><td rowspan="4">（1）电气主电源的安装
（2）控制柜接线的电阻检测和绝缘检查
（3）控制柜与电源电气线路的接通</td><td rowspan="4">（2）主电源与控制柜电气线路的安装及主电源的接通</td><td>1）主电源与控制柜电气线路的安装方法</td><td rowspan="4">（1）方法：项目教学法、实训（练习）法
（2）重点：主电源与控制柜电气线路的安装与接通
（3）难点：控制柜接线的电阻检测和绝缘检查</td><td rowspan="4">6</td></tr>
<tr><td>2）接地线与桁架的连接要求</td></tr>
<tr><td>3）控制柜接线的电阻检测和绝缘检查</td></tr>
<tr><td>4）控制柜与电源电气线路的接通要求</td></tr>
</table>

续表

2.1.4 三级 / 高级职业技能培训要求				2.2.4 三级 / 高级职业技能培训课程规范			
职业功能模块（模块）	培训内容（课程）	技能目标	培训细目	学习单元	课程内容	培训建议	课堂学时
2. 诊断修理	2-1 机房设备诊断修理	2-1-1 能使用拉马器等工具更换、调整主机、曳引轮、导向轮、主机减振垫	（1）主机的更换与调整 （2）主机曳引与导向部件的更换与调整 （3）主机减振垫的更换与调整	（1）使用拉马器等工具更换、调整主机、曳引轮、导向轮、主机减振垫	1）主机的更换与调整 2）主机曳引与导向部件的更换与调整 ①曳引轮的更换与调整方法 ②曳引轮绳圈的更换与调整方法 ③曳引轮绳圈与主轴轮圈的现场热套配合 ④曳引轮绳圈与主轴轮圈的铰制孔螺栓的铰配 ⑤曳引轮绳圈与主轴体的紧固要求 ⑥导向轮的更换与调整方法 3）主机与承重梁减振垫的更换与调整	（1）方法：项目教学法、演示法、实物示教法、实训（练习）法 （2）重点：曳引轮绳圈的更换 （3）难点：曳引轮绳圈的热套与铰制孔螺栓的铰配	12
		2-1-2 能通过修改驱动参数调整电梯运行抖动、噪声	（1）主控制器运行梯形图各参数的设置与修改 （2）变频器PID参数的修改与调整 （3）电梯运行抖动的调整 （4）电梯运行噪声的调整	（2）通过修改驱动参数调整电梯运行抖动、噪声	1）主控制器和变频器运行参数的设置与修改 ①主控制器运行梯形图各参数的设置与修改方法 ②变频器PID参数的修改与调整方法 2）电梯运行抖动的调整 3）电梯运行噪声的调整	（1）方法：项目教学法、演示法、实训（练习）法 （2）重点与难点：主控制器运行梯形图各参数的设置与修改	20

续表

2.1.4 三级 / 高级职业技能培训要求				2.2.4 三级 / 高级职业技能培训课程规范			
职业功能模块（模块）	培训内容（课程）	技能目标	培训细目	学习单元	课程内容	培训建议	课堂学时
2. 诊断修理	2–1 机房设备诊断修理	2–1–3 能检查、修理控制柜内各电气线路与电气元件、控制系统通信功能、速度控制系统、位置控制系统以及电梯启动、加减速度、停止逻辑控制故障	（1）控制柜与控制系统的电气线路原理分析 （2）控制柜内各电气部件的功能与原理分析 （3）控制系统的通信功能与屏蔽 – 电磁兼容故障的排除 （4）速度控制系统的自学习与故障排除 （5）位置控制系统的自学习与故障排除 （6）电梯启动、加减速度、停止、抱闸开闭时序逻辑控制故障的排除	（3）控制柜线路、元件、系统、逻辑控制故障的检查与修理	1）控制柜内各电气线路与电气元件的检查与修理 ①控制柜与控制系统的电气线路原理分析 ②控制柜内各电气部件的功能与原理分析 ③控制柜内各电气线路与电气元件故障的排除 2）控制系统通信功能、速度控制系统、位置控制系统及电梯启动、加减速度、停止逻辑控制故障的检查与修理 ①控制系统通信功能与屏蔽 – 电磁兼容故障的排除 ②速度控制系统的自学习与故障排除 ③位置控制系统的自学习与故障排除 ④电梯启动、加减速度、停止、抱闸开闭时序逻辑控制故障的排除	（1）方法：项目教学法、演示法、实训（练习）法 （2）重点：控制柜内各电气线路故障的检查与排除 （3）难点：控制柜与控制系统的电气线路原理分析	20

续表

2.1.4　三级 / 高级职业技能培训要求				2.2.4　三级 / 高级职业技能培训课程规范			
职业功能模块（模块）	培训内容（课程）	技能目标	培训细目	学习单元	课程内容	培训建议	课堂学时
2. 诊断修理	2-1 机房设备诊断修理	2-1-4 能更换曳引机的制动器、制动衬、制动臂、销轴、电磁铁、减速箱油封、轴承	（1）制动器的更换与调整 （2）减速箱蜗杆前端输出轴密封圈和箱体各盖板油封的更换 （3）曳引机蜗轮主轴的轴承或轴套 / 瓦的更换 （4）蜗杆前后轴承或轴套的更换 （5）蜗杆后端推力轴承的更换和后端盖蜗杆窜隙的调整 （6）电动机端盖轴承或轴套的拆解与更换 （7）无齿轮曳引机主轴部件的拆解及主轴承、后端盖轴承的更换	（4）曳引机制动器、减速箱油封、轴承的更换	1）制动器的更换与调整 ①制动衬的更换和粘 / 铆接工艺 ②制动臂的更换方法 ③制动器各销轴的更换方法 ④制动器电磁铁部件的更换与调整方法 ⑤制动器整体更换的工艺与方法 2）减速箱蜗杆前端输出轴密封圈和箱体各盖板油封的更换 3）曳引机蜗轮主轴轴承或轴套 / 瓦的更换 4）蜗杆前后轴承或轴套的更换 5）蜗杆后端推力轴承的更换和后端盖蜗杆窜隙的调整 6）电动机端盖轴承或轴套的拆解与更换 7）无齿轮曳引机主轴部件的拆解及主轴承、后端盖轴承的更换	（1）方法：项目教学法、演示法、实物示教法、实训（练习）法 （2）重点：曳引机制动器、减速箱油封、轴承的更换 （3）难点：蜗杆窜隙的调整及无齿轮曳引机主轴部件的拆解	16
	2-2 井道设备诊断修理	2-2-1 能更换电梯的补偿链 / 缆、随行电缆、对重轮	（1）补偿链 / 缆的更换与调整 （2）随行电缆的更换与调整 （3）对重轮的更换	（1）电梯的补偿链 / 缆、随行电缆、对重轮的更换	1）补偿链 / 缆的更换与调整 ①补偿链的更换方法 ②补偿链曲率直径和晃动阻挡装置的调整方法 ③补偿缆的更换和补偿缆张紧装置的调整方法 2）随行电缆的更换与调整 3）对重轮的更换	（1）方法：项目教学法、演示法、实训（练习）法 （2）重点：补偿链 / 缆、随行电缆、对重轮的更换 （3）难点：更换对重轮操作的安全规范和施工的实时作业安全管理	8

续表

2.1.4 三级/高级职业技能培训要求				2.2.4 三级/高级职业技能培训课程规范			
职业功能模块（模块）	培训内容（课程）	技能目标	培训细目	学习单元	课程内容	培训建议	课堂学时
2. 诊断修理	2-2 井道设备诊断修理	2-2-2 能更换、调整层门门扇、悬挂装置、地坎	（1）层门门扇的更换与调整 （2）层门悬挂装置的更换与调整 （3）层门地坎的更换与调整 （4）层门总成与各部件的更换与调整	（2）层门门扇、悬挂装置、地坎的更换与调整	1）层门部件的更换与调整 ①层门悬挂装置的更换与调整方法 ②层门门扇的更换与调整方法 ③层门机械锁的更换与调整方法 ④层门自闭系统的更换方法 ⑤层门地坎的更换与调整方法 ⑥层门导靴的更换与调整要求	（1）方法：项目教学法、实物示教法、实训（练习）法 （2）重点：层门门扇、悬挂装置的更换 （3）难点：调整层门总成各部件使其工作协调、流畅	4
					2）层门总成与各部件的更换与调整		
	2-3 轿厢对重设备诊断修理	2-3-1 能更换轿顶轮、轿底轮、安全钳、轿厢轿架、自动门机系统	（1）轿顶轮的更换 （2）轿底轮的更换 （3）安全钳的更换 （4）轿厢轿架的更换 （5）自动门机系统的更换	（1）轿顶轮、轿底轮、安全钳、轿厢轿架、自动门机系统的更换	1）轿顶轮的更换	（1）方法：项目教学法、观摩法、实训（练习）法 （2）重点：轿顶轮、轿底轮、轿厢轿架的更换 （3）难点：更换轿顶轮、轿底轮、轿厢轿架操作的安全规范和施工的实时作业安全管理	12
					2）轿底轮的更换		
					3）安全钳的更换		
					4）轿厢轿架的更换		
					5）自动门机系统的更换		
		2-3-2 能检查、修理电梯轿厢称重装置的故障	电梯轿厢称重装置故障的检查与修理	（2）电梯轿厢称重装置故障的检查与修理	1）各类轿厢称重装置的结构	（1）方法：项目教学法、演示法、实训（练习）法 （2）重点：称重装置故障的排除 （3）难点：各类称重装置的调试	4
					2）电梯轿厢称重装置故障的检查与修理		

续表

2.1.4 三级/高级职业技能培训要求				2.2.4 三级/高级职业技能培训课程规范			
职业功能模块（模块）	培训内容（课程）	技能目标	培训细目	学习单元	课程内容	培训建议	课堂学时
2. 诊断修理	2-4 自动扶梯设备诊断修理	2-4-1 能更换扶手带、扶手带驱动装置、梯级链、主驱动轴和链轮、驱动主机、驱动链、工作制动、附加制动器	（1）扶手带的更换 （2）扶手带驱动装置的更换 （3）梯级链的更换 （4）主驱动轴的更换 （5）驱动链轮的更换 （6）驱动主机的更换 （7）驱动链的更换 （8）工作制动器的更换 （9）附加制动器的更换	（1）扶手带及其驱动装置、链、轮、轴、主机、各类制动器的更换	1）扶手带的更换 2）扶手带驱动装置的更换 3）驱动链的更换 4）梯级链的更换 5）驱动链轮的更换 6）主驱动轴的更换 7）驱动主机的更换 8）工作制动器的更换 9）附加制动器的更换	（1）方法：项目教学法、演示法、实训（练习）法 （2）重点：自动扶梯安全部件与易损部件的更换 （3）难点：附加制动器更换后在其不同提升高度条件下对螺栓紧固力矩进行测试与调整	16
		2-4-2 能通过修改控制参数调整自动扶梯运行速度、抖动	（1）自动扶梯运行速度的调整 （2）自动扶梯抖动的调整	（2）通过修改控制参数调整自动扶梯运行速度、抖动	1）自动扶梯运行速度的调整 2）自动扶梯抖动的调整	（1）方法：项目教学法、演示法、实训（练习）法 （2）重点：通过修改控制参数调整自动扶梯运行速度 （3）难点：通过修改控制参数消除自动扶梯抖动	8
3. 维修保养	3-1 机房设备维护保养	3-1-1 能检查、调整电梯驱动电动机的速度检测装置	（1）电梯驱动电动机速度检测装置的检查与调整 （2）速度检测装置、线路的屏蔽与传输干扰故障的排除	（1）电梯驱动电动机速度检测装置的检查、调整与故障排除	1）速度检测回馈装置的原理和信号传送的形式 2）电梯驱动电动机速度检测装置的检查与调整 3）速度检测装置、线路的屏蔽与传输干扰故障的排除	（1）方法：项目教学法、实训（练习）法 （2）重点：电动机速度检测装置的检查 （3）难点：线路的屏蔽与传输干扰故障的排除	6

续表

2.1.4 三级/高级职业技能培训要求				2.2.4 三级/高级职业技能培训课程规范			
职业功能模块（模块）	培训内容（课程）	技能目标	培训细目	学习单元	课程内容	培训建议	课堂学时
3. 维修保养	3-1 机房设备维护保养	3-1-2 能使用百分表等工具检查并调整联轴器	（1）使用专用工夹具与百分表检查并调整联轴器与制动盘的三位合一 （2）使用专用工夹具、钢针与塞尺检查并调整联轴器与制动盘的三位合一	（2）使用百分表等工具检查并调整联轴器	1）使用专用工夹具与百分表检查并调整联轴器与制动盘中心的方法 2）使用专用工夹具、钢针与塞尺检查并调整联轴器与制动盘中心的方法	（1）方法：项目教学法、演示法、实物示教法、实训（练习）法 （2）重点：联轴器－制动盘三位中心的调整 （3）难点：专用工具的使用	8
		3-1-3 能检查、调整制动器间隙、制动力	（1）制动器的检查与调整 （2）内置式制动器制动力的检查与测试 （3）盘式制动器制动力的检查与测试	（3）制动器间隙、制动力的检查与调整	1）制动器的检查与调整 ①制动器的结构和原理 ②电磁铁芯间隙与磁力的检查与调整方法 ③制动衬与制动轮间隙的检查与调整方法 ④制动臂（单臂与双臂）制动力的测试与调整方法 2）内置式制动器制动力的检查与测试 3）盘式制动器制动力的检查与测试	（1）方法：项目教学法、演示法、实物示教法、实训（练习）法 （2）重点：制动器间隙、制动力的调整 （3）难点：电磁力与铁芯间隙成反比的函数关系在实践中的应用，盘式制动器的调整与测试	10
		3-1-4 能使用电梯乘运质量分析仪、转速表等检测电梯的速度及加速度	（1）电梯乘运质量的测量与分析 （2）电梯运行速度、加速度、加加速度的检测 （3）电梯运行曲线与X轴、Y轴、Z轴方向振动的测量与分析 （4）使用转速表检测电梯的运行速度	（4）使用电梯乘运质量分析仪、转速表等检测电梯的速度及加速度	1）电梯乘运质量分析仪、转速表等的使用方法 2）应用电梯乘运质量分析仪、转速度表等检测电梯的运行质量 ①电梯乘运质量的测量与分析方法 ②电梯运行速度、加速度、加加速度的检测方法 ③电梯运行曲线与X轴、Y轴、Z轴方向振动的测量与分析方法 ④应用转速表检测电梯的运行速度 3）电梯乘运质量的综合分析	（1）方法：项目教学法、演示法、实物示教法、实训（练习）法 （2）重点：电梯速度及加速度的检测 （3）难点：电梯乘运质量的测量与分析	8

续表

<table>
<tr><th colspan="4">2.1.4　三级／高级职业技能培训要求</th><th colspan="4">2.2.4　三级／高级职业技能培训课程规范</th></tr>
<tr><th>职业功能模块（模块）</th><th>培训内容（课程）</th><th>技能目标</th><th>培训细目</th><th>学习单元</th><th>课程内容</th><th>培训建议</th><th>课堂学时</th></tr>
<tr><td rowspan="7">3. 维修保养</td><td rowspan="7">3–2　井道设备维护保养</td><td rowspan="2">3–2–1　能使用刀口尺、刨刀等修整导轨接头</td><td rowspan="2">（1）使用刀口尺对导轨接头–接导板处的直线度进行检查与调整
（2）使用刨刀、锉刀等工具修整导轨接头的台阶与直线度偏差</td><td rowspan="2">（1）使用刀口尺、刨刀等修整导轨接头</td><td>1）使用刀口尺对导轨接头–接导板处的直线度进行检查与调整</td><td rowspan="2">（1）方法：项目教学法、演示法、实训（练习）法
（2）重点：导轨接头–接导板处直线度的检查
（3）难点：使用刨刀、锉刀等工具时应避免破坏导轨基准</td><td rowspan="2">8</td></tr>
<tr><td>2）使用刨刀、锉刀等工具修整导轨接头的台阶与直线度偏差</td></tr>
<tr><td rowspan="2">3–2–2　能根据电梯运行的振动情况检查、调整导轨间距及垂直度、平行度</td><td rowspan="2">（1）导轨垂直度的检查与调整
（2）相对导轨平行度的检查与调整
（3）导轨间距的检查与调整
（4）电梯运行质量分析及振动部位导轨的检查与调整</td><td rowspan="2">（2）根据电梯运行的振动情况检查、调整导轨</td><td>1）导轨间距及垂直度、平行度、直线度的检查与调整
①导轨垂直度的检查与调整方法
②相对导轨平行度的检查与调整方法
③导轨间距的检查与调整方法</td><td rowspan="2">（1）方法：项目教学法、演示法、实训（练习）法
（2）重点：导轨间距及垂直度的调整
（3）难点：根据运行质量分析结果调整并消除振动</td><td rowspan="2">8</td></tr>
<tr><td>2）电梯运行质量分析及振动部位导轨的检查与调整</td></tr>
<tr><td rowspan="3">3–2–3　能检查、调整层门、轿门联动机构</td><td rowspan="3">（1）层门联动机构的检查与调整
（2）轿门联动机构的检查与调整
（3）层门、轿门啮合与联动的调整</td><td rowspan="3">（3）层门、轿门联动机构的检查与调整</td><td>1）层门联动机构的检查与调整</td><td rowspan="3">（1）方法：项目教学法、实物示教法、实训（练习）法
（2）重点：层门、轿门联动机构的检查与调整
（3）难点：调整层门、轿门联动机构使其工作协调、流畅</td><td rowspan="3">8</td></tr>
<tr><td>2）轿门联动机构的检查与调整</td></tr>
<tr><td>3）层门、轿门啮合与联动的调整</td></tr>
</table>

续表

2.1.4 三级 / 高级职业技能培训要求				2.2.4 三级 / 高级职业技能培训课程规范			
职业功能模块（模块）	培训内容（课程）	技能目标	培训细目	学习单元	课程内容	培训建议	课堂学时
3. 维修保养	3-3 轿厢对重设备维护保养	3-3-1 能检查、调整轿厢减振垫	（1）轿厢减振机构的检查与调整 （2）轿厢滑动卡板的检查与调整 （3）轿厢底部减振橡胶或减振弹簧的检查与调整	（1）轿厢减振垫的检查与调整	1）轿厢减振机构的检查与调整 2）轿厢与轿顶部位的检查与调整 ①滑动卡板状态的检查与调整方法 ②轿厢平衡状态的检查与调整方法 3）轿厢底部减振橡胶或减振弹簧的检查与调整 ①减振橡胶或减振弹簧状态的检查方法 ②减振弹簧过压保护螺栓间隙的检查与调整方法	（1）方法：项目教学法、实物示教法、实训（练习）法 （2）重点：轿厢减振机构的检查与调整 （3）难点：各减振接触点的受力检查与调整	4
		3-3-2 能使用液压剪刀截短电梯曳引钢丝绳、钢带，调整缓冲距离	（1）使用液压剪刀截短电梯曳引钢丝绳 （2）使用液压剪刀截短电梯曳引钢带 （3）对重下部缓冲墩的增加及对重缓冲器距离的调整	（2）使用液压剪刀截短电梯曳引钢丝绳、钢带并调整缓冲距离	1）液压剪刀截短电梯曳引钢丝绳的方法 2）液压剪刀截短电梯曳引钢带的方法 3）对重下部缓冲墩的增加及对重缓冲器距离的调整	（1）方法：项目教学法、观摩法、实训（练习）法 （2）重点：截短电梯曳引钢丝绳、钢带的方法 （3）难点：截短曳引钢丝绳、钢带操作的安全规范和施工的实时作业安全管理	4
	3-4 自动扶梯设备维护保养	3-4-1 能检查、调整扶手带托轮、滑轮群、防静电轮、梯级传动装置	（1）扶手带托轮的检查与调整 （2）扶手带滑轮群的检查与调整 （3）扶手带防静电轮的检查与调整 （4）梯级传动装置的检查与调整	（1）扶手带托轮、滑轮群、防静电轮、梯级传动装置的检查与调整	1）扶手带各轮的检查与调整 ①扶手带托轮的检查与调整方法 ②扶手带滑轮群的检查与调整方法 ③扶手带防静电轮的检查与调整方法 2）梯级传动装置的检查与调整	（1）方法：项目教学法、观摩法、实训（练习）法 （2）重点：梯级传动装置的检查 （3）难点：梯级传动装置的调整	8

续表

2.1.4　三级 / 高级职业技能培训要求				2.2.4　三级 / 高级职业技能培训课程规范			
职业功能模块（模块）	培训内容（课程）	技能目标	培训细目	学习单元	课程内容	培训建议	课堂学时
3. 维修保养	3-4　自动扶梯设备维护保养	3-4-2　能检查、调整进入梳齿板处的梯级与导轮的轴向窜动量	（1）上 / 下部出入与转向（过桥）部位导向装置的检查与调整 （2）梳齿板处梯级与导轮轴向窜动量的检查与调整	（2）进入梳齿板处的梯级与导轮轴向窜动量的检查与调整	1）上 / 下部出入与转向（过桥）部位导向装置的检查与调整 2）梳齿板处梯级与导轮轴向窜动量的检查与调整	（1）方法：项目教学法、演示法、实训（练习）法 （2）重点：梯级与导轮轴向间隙的检查与调整 （3）难点：梯级与导轮轴向窜动量的消除	8
3. 维修保养	3-4　自动扶梯设备维护保养	3-4-3　能检查、调整自动扶梯的速度检测装置及非操纵逆转监测装置	（1）速度检测装置的检查与调整 （2）非操纵逆转监测装置的检查与调整	（3）速度检测装置及非操纵逆转监测装置的检查与调整	1）速度检测装置的检查与调整 2）非操纵逆转监测装置的检查与调整	（1）方法：项目教学法、演示法、实训（练习）法 （2）重点与难点：非操纵逆转监测装置的检查与调整	12
3. 维修保养	3-4　自动扶梯设备维护保养	3-4-4　能使用速度检测仪检测自动扶梯的运行速度	（1）自动扶梯专用速度检测仪的使用 （2）自动扶梯运行速度的检测	（4）使用速度检测仪检测自动扶梯的运行速度	1）自动扶梯专用速度检测仪的使用 2）自动扶梯运行速度的检测方法与相关要求	（1）方法：项目教学法、演示法、实训（练习）法 （2）重点：自动扶梯运行速度的检测 （3）难点：各检测方法的正确应用	8
4. 改造更新	4-1　曳引驱动乘客电梯设备改造更新	4-1-1　能根据改造方案拆装、改造、调试不同规格型号的曳引机	（1）更换电动机的曳引机拆装改造 （2）曳引机机座的拆装改造 （3）改变曳引机组悬挂比的拆装改造 （4）曳引机拆装改造后的调试	（1）根据改造方案拆装、改造、调试不同规格型号的曳引机	1）不同规格型号曳引机的拆装改造 ①更换电动机的曳引机拆装改造 ②曳引机制动器的拆装改造 ③曳引机机座的拆装改造 ④改变曳引机组悬挂比的拆装改造 ⑤拆除、加装及更换导向轮 2）曳引机拆装改造后的调试	（1）方法：案例教学法、演示法、讲授法、实训（练习）法 （2）重点：曳引机的拆装改造	8

续表

2.1.4　三级 / 高级职业技能培训要求				2.2.4　三级 / 高级职业技能培训课程规范			
职业功能模块（模块）	培训内容（课程）	技能目标	培训细目	学习单元	课程内容	培训建议	课堂学时
4. 改造更新	4-1　曳引驱动乘客电梯设备改造更新	4-1-2　能根据改造方案拆装、改造、调试不同型号的控制系统	（1）控制柜内线路与各部件的更换、改造 （2）控制柜内驱动装置的更换、改造 （3）外部主要电气装置的更换、改造 （4）不同型号控制柜的更换、改造 （5）不同型号控制系统的兼容性调试	（2）根据改造方案拆装、改造、调试不同型号的控制系统	1）不同型号控制系统的拆装改造 ①控制柜内线路与各部件的更换、改造 ②控制柜内驱动装置的更换、改造 ③外部主要电气装置的更换、改造 ④不同型号控制柜的更换、改造 2）不同型号控制系统更换后的兼容性调试	（1）方法：案例教学法、讲授法、演示法、实训（练习）法 （2）重点：不同型号控制柜的更换、改造 （3）难点：不同型号控制系统的兼容性调试	8
		4-1-3　能根据加层改造方案进行加层改造并调试曳引驱动乘客电梯	（1）电梯加层改造工程方案的识读 （2）加层改造电梯机械系统的安装与调试 （3）加层改造电梯电气系统的安装与调试 （4）加层改造后的整机调试	（3）根据加层改造方案进行加层改造并调试曳引驱动乘客电梯	1）电梯加层改造工程的相关内容 ①加层改造概况与技术交底 ②拆除作业安全 ③吊装作业安全 ④脚手架作业安全 ⑤现场安全计划 ⑥相关部位的防护 ⑦安全管理与实时安全控制 ⑧电梯加层改造施工 2）加层改造后的整机调试	（1）方法：项目教学法、讲授法、演示法、实训（练习）法 （2）难点：加层改造后的整机调试	8
		4-1-4　能拆装、改造轿厢和内部装潢，调整轿厢平衡与电梯平衡系数	（1）轿厢的拆装与改造 （2）轿厢内部装潢的拆装与改造 （3）轿厢内部装潢改造后电梯平衡系数的检查与调整	（4）拆装、改造轿厢和内部装潢并调整轿厢平衡与电梯平衡系数	1）轿厢部分部件的拆装与改造 2）轿厢内部装潢的拆装与改造 3）轿厢内部装潢改造后轿厢整体平衡的调整 4）轿厢内部装潢改造后电梯平衡系数的检查与调整	（1）方法：项目教学法、演示法、实训（练习）法 （2）重点：轿厢内部装潢改造后的平衡调整 （3）难点：改造后电梯平衡系数的检查与调整	4

续表

2.1.4 三级 / 高级职业技能培训要求				2.2.4 三级 / 高级职业技能培训课程规范			
职业功能模块（模块）	培训内容（课程）	技能目标	培训细目	学习单元	课程内容	培训建议	课堂学时
4. 改造更新	4-1 曳引驱动乘客电梯设备改造更新	4-1-5 能根据悬挂比改造方案拆装、改造曳引系统的悬挂比	（1）曳引系统悬挂比的改造 （2）悬挂比改造后曳引系统的测试与试验	（5）根据悬挂比改造方案拆装、改造曳引系统的悬挂比	1）曳引系统悬挂比改造的作业方法 ①机房承重点的移位与测定 ②曳引机组安装位置变化后的定位与调整 ③对重导轨的移位、安装及调整 ④轿厢架上梁结构的更换或轿顶轮的拆装与改造 ⑤对重架的更换或对重轮的拆除与改造	（1）方法：项目教学法、观摩法、实训（练习）法 （2）重点：曳引系统悬挂比的改造 （3）难点：改造工程的安全规范、现场管理和施工的实时作业安全管理	8
					2）悬挂比改造后曳引系统的测试与试验 ①曳引钢丝绳根数配置的校核方法 ②轮绳摩擦系数与包角的校核方法 ③全绕式系统曳引摩擦力过大的试验 ④整机曳引状态复核方法		
		4-1-6 能加装读卡器（IC 卡）系统、残疾人操纵箱、能量反馈系统、应急平层装置及远程监控装置	（1）读卡器（IC 卡）系统的加装 （2）残疾人操纵箱的加装 （3）能量反馈系统的加装 （4）应急平层装置的加装 （5）远程监控装置的加装	（6）读卡器（IC 卡）系统、残疾人操纵箱、能量反馈系统、应急平层装置及远程监控装置的加装与调试	1）读卡器（IC 卡）系统的加装与调试	（1）方法：项目教学法、观摩法、实训（练习）法 （2）重点：能量反馈系统、远程监控装置的加装 （3）难点：加装能量反馈系统、远程监控装置后的调试	8
					2）残疾人操纵箱的加装与调试		
					3）能量反馈系统的加装与调试		
					4）应急平层装置的加装与调试		
					5）远程监控装置的加装与调试		

续表

2.1.4 三级/高级职业技能培训要求				2.2.4 三级/高级职业技能培训课程规范			
职业功能模块（模块）	培训内容（课程）	技能目标	培训细目	学习单元	课程内容	培训建议	课堂学时
4. 改造更新	4-2 自动扶梯设备改造更新	4-2-1 能加装变频器及其外部控制设备，调试自动扶梯的变频控制功能	（1）变频器的加装 （2）变频控制功能的调试 （3）外部控制设备的加装	（1）变频器及其外部控制设备的加装及自动扶梯变频控制功能的调试	1）加装变频器的作业方法及加装后的调试 ①加装变频器改变启停效果 ②加装变频器增加节能运行功能 ③加装出入口节能运行感应装置 ④变频器加装后控制功能的调试方法	（1）方法：项目教学法、观摩法、实训（练习）法 （2）重点：变频器装置的加装 （3）难点：加装后自动扶梯变频控制功能的调试	8
					2）加装外部控制设备的作业方法 ①加装油水分离器 ②加装出入口梯级安全照明 ③加装自动扶梯监控装置 ④加装梯级加热装置 ⑤根据标准要求加装其他安全装置		
		4-2-2 能改造、调试自动扶梯的控制系统	（1）控制系统的改造 （2）控制系统改造后的调试	（2）自动扶梯控制系统的改造与调试	1）控制系统改造的作业方法及兼容性调试 ①更换控制线路与主要部件 ②加装安全装置增加安全功能 ③加装故障监测与显示装置 ④更换不同型号控制系统 ⑤不同型号控制系统与外围电气部件的兼容性调试	（1）方法：项目教学法、观摩法、实训（练习）法 （2）重点：自动扶梯控制系统的改造 （3）难点：改造后自动扶梯控制系统的调试	8
					2）控制系统改造后的整机调试		
课堂学时合计							360

附录 5　二级 / 技师职业技能培训要求与课程规范对照表

2.1.5　二级 / 技师职业技能培训要求				2.2.5　二级 / 技师职业技能培训课程规范			
职业功能模块（模块）	培训内容（课程）	技能目标	培训细目	学习单元	课程内容	培训建议	课堂学时
1. 安装调试	1–1　曳引驱动乘客电梯设备安装调试	1–1–1　能设定驱动和控制参数，调试电梯运行功能、性能	（1）控制系统与驱动系统参数的设置 （2）控制系统功能与性能的调试 （3）驱动系统功能与性能的调试 （4）电梯整机的调试	（1）控制参数和驱动参数的设定及电梯运行功能与性能的调试	1）控制系统参数的设置 ①运行梯形图中各参数的设置方法 ②监控功能的设置方法	（1）方法：项目教学法、演示法、实训（练习）法 （2）重点：系统位置的自学习与各参数的设置 （3）难点：运行功能与性能的调试	20
					2）驱动系统参数的设置 ①井道（轿厢各位置）自学习 ②运行速度值的设置方法 ③制动器开闸与闭合时间参数的设置方法 ④ PID 调节器比例、积分增益的设置方法		
					3）控制系统功能与性能的调试		
					4）驱动系统功能与性能的调试原理		
					5）电梯整机功能与性能的调试原理		
					6）梯群功能调试		

续表

2.1.5　二级 / 技师职业技能培训要求				2.2.5　二级 / 技师职业技能培训课程规范			
职业功能模块（模块）	培训内容（课程）	技能目标	培训细目	学习单元	课程内容	培训建议	课堂学时
1. 安装调试	1-1 曳引驱动乘客电梯设备安装调试	1-1-2 能调试门机功能、性能	（1）自动门机控制部分和驱动部分的调试 （2）门机系统的自学习 （3）自动门机综合调试	（2）门机功能与性能的调试	1）自动门机控制部分的调试 ①系统的构成 ②系统自学习 ③开关门运行梯形图中各参数的设置方法 2）自动门机驱动部分的调试 ①门宽自学习 ②开关门速度自学习 ③关门力矩参数的设置方法 3）门机系统功能与性能的调试	（1）方法：项目教学法、演示法、实训（练习）法 （2）重点：门机系统功能与性能的调试方法 （3）难点：门机系统功能与性能的调试原理	8
		1-1-3 能测试、调整轿厢的静、动态平衡	（1）轿厢静态平衡的测试与调整 （2）轿厢动态平衡的测试与调整	（3）轿厢静、动态平衡的测试与调整	1）轿厢静态平衡的测试与调整 ①轿厢静态平衡的相关知识 ②轿厢导靴的静止状态 ③轿厢静态平衡的测试与调整方法 2）轿厢动态平衡的测试与调整 ①轿厢动态平衡的相关知识（轿底悬挂平衡的合理性） ②轿厢导靴的动态状态 ③轿厢动态平衡的测试与调整方法	（1）方法：项目教学法、演示法、实训（练习）法 （2）重点：轿厢静态平衡的调整 （3）难点：轿厢动态平衡的调整	8

续表

2.1.5　二级 / 技师职业技能培训要求				2.2.5　二级 / 技师职业技能培训课程规范			
职业功能模块（模块）	培训内容（课程）	技能目标	培训细目	学习单元	课程内容	培训建议	课堂学时
1. 安装调试	1-1　曳引驱动乘客电梯设备安装调试	1-1-4　能编制电梯安装调试方案	（1）电梯机械部件安装调试方案的编制 （2）电梯电气系统安装调试方案的编制 （3）电梯梯群控制系统安装调试方案的编制	（4）电梯安装调试方案的编制	1）电梯机械部件安装调试方案的编制 ①机房部分 ②井道导向系统 ③悬挂系统 ④层门与轿门 ⑤底坑部分 2）电梯电气系统安装调试方案的编制 ①控制系统 ②驱动系统 ③自动门机系统 ④井道内系统 ⑤轿内、层外操作及显示系统 3）电梯整机安装调试方案的编制 4）电梯梯群控制系统安装调试方案的编制	（1）方法：项目教学法、讲授法、讨论法、实训（练习）法 （2）重点：电梯安装调试方案的编制 （3）难点：电梯安装调试原理	12
	1-2　自动扶梯设备安装调试	1-2-1　能拼接、校正分段式自动扶梯桁架、导轨	（1）分段式自动扶梯桁架的拼接 （2）分段式自动扶梯桁架拼接后梯路导轨的检查与校正	（1）分段式自动扶梯桁架和导轨的校正	1）自动扶梯桁架分段拼接工艺与校正方法 2）桁架分段拼接采用高强度紧固螺栓连接时的强度要求与紧固要求以及螺栓垫片分散应力的受力分析 3）自动扶梯桁架拼接后梯路导轨的检查与校正方法	（1）方法：项目教学法、观摩法、实训（练习）法 （2）重点：分段式自动扶梯桁架的校正 （3）难点：桁架拼接后梯路导轨的校正	8
		1-2-2　能修改电气控制参数，调试自动扶梯运行功能	（1）自动扶梯电气控制参数的修改 （2）自动扶梯运行功能的调试	（2）自动扶梯电气控制参数的修改与运行功能的调试	1）自动扶梯电气控制参数的修改方法 2）通过参数的修改调试自动扶梯的运行功能 3）通过修改、调整电气控制参数提高自动扶梯运行质量的方案编制	（1）方法：项目教学法、演示法、实训（练习）法 （2）重点：电气控制参数的修改 （3）难点：自动扶梯运行功能的调试	8

续表

2.1.5 二级 / 技师职业技能培训要求				2.2.5 二级 / 技师职业技能培训课程规范			
职业功能模块（模块）	培训内容（课程）	技能目标	培训细目	学习单元	课程内容	培训建议	课堂学时
1. 安装调试	1-2 自动扶梯设备安装调试	1-2-3 能安装、调整大跨度自动扶梯的中间支撑部件	（1）大跨度自动扶梯中间支撑部件的安装 （2）大跨度自动扶梯中间支撑部件的调整	（3）大跨度自动扶梯中间支撑部件的安装与调整	1）安装前现场的勘查与测量 ①中间支撑部件土建尺寸的测量与校核方法 ②中间支撑部件基础强度的校核方法 ③中间支撑部件与桁架底模位置的连接方法	（1）方法：项目教学法、观摩法、实训（练习）法 （2）重点：中间支撑部件的安装 （3）难点：中间支撑部件的调整	10
					2）大跨度自动扶梯中间支撑部件的安装		
					3）大跨度自动扶梯中间支撑部件的调整		
2. 诊断修理	2-1 曳引驱动乘客电梯设备诊断修理	2-1-1 能对电梯重复性故障进行分析并提出解决方案	（1）电梯机械运动系统重复性故障的分析及其解决方案的提出 （2）电梯电气控制与驱动系统重复性故障的分析及其解决方案的提出 （3）电梯通信系统重复性故障的分析及其解决方案的提出 （4）电梯电磁兼容与干扰重复性故障的分析及其解决方案的提出	（1）电梯重复性故障的分析及其解决方案的提出	1）电梯机械运动系统重复性故障的排除 ①跟踪分析与判断 ②解决方案的提出	（1）方法：项目教学法、讲授法、实训（练习）法 （2）重点：电梯重复性故障的分析与判断 （3）难点：电梯重复性故障解决方案的提出	32
					2）电梯电气控制与驱动系统重复性故障的排除 ①跟踪分析与判断 ②解决方案的提出		
					3）电梯通信系统重复性故障的排除 ①跟踪分析与判断 ②解决方案的提出		
					4）电梯电磁兼容与干扰重复性故障的排除 ①跟踪分析与判断 ②解决方案的提出		

续表

2.1.5　二级 / 技师职业技能培训要求				2.2.5　二级 / 技师职业技能培训课程规范			
职业功能模块（模块）	培训内容（课程）	技能目标	培训细目	学习单元	课程内容	培训建议	课堂学时
2. 诊断修理	2-1 曳引驱动乘客电梯设备诊断修理	2-1-2 能对电梯偶发性故障进行跟踪分析并提出解决方案	（1）电梯机械运动系统偶发性故障的分析及其解决方案的提出 （2）电梯电气控制与驱动系统偶发性故障的分析及其解决方案的提出 （3）电梯通信系统偶发性故障的分析及其解决方案的提出 （4）电梯电磁兼容与干扰偶发性故障的分析及其解决方案的提出	（2）电梯偶发性故障的分析及其解决方案的提出	1）电梯机械运动系统偶发性故障的排除 ①跟踪分析与判断 ②解决方案的提出 2）电梯电气控制与驱动系统偶发性故障的排除 ①跟踪分析与判断 ②解决方案的提出 3）电梯通信系统偶发性故障的排除 ①跟踪分析与判断 ②解决方案的提出 4）电梯电磁兼容与干扰偶发性故障的排除 ①跟踪分析与判断 ②解决方案的提出	（1）方法：项目教学法、讲授法、实训（练习）法 （2）重点：电梯偶发性故障的分析与判断 （3）难点：电梯偶发性故障解决方案的提出	16
		2-1-3 能编制电梯重大修理的安全施工方案	（1）电梯重大修理施工现场的安全管理 （2）电梯重大修理安全施工方案的编制	（3）电梯重大修理的安全管理与施工方案编制	1）电梯重大修理施工现场的安全管理 ①现场安全计划 ②作业安全管理基本要求 ③拆除作业安全管理 ④吊装作业安全管理 ⑤脚手架作业安全管理 ⑥门、洞、孔的防护安全管理 ⑦施工过程的实时安全管理 2）电梯重大修理安全施工方案的编制	（1）方法：项目教学法、讲授法、讨论法、实训（练习）法 （2）重点：重大修理安全施工方案的编制 （3）难点：安全施工方案的可操作性	20

续表

2.1.5 二级 / 技师职业技能培训要求				2.2.5 二级 / 技师职业技能培训课程规范			
职业功能模块（模块）	培训内容（课程）	技能目标	培训细目	学习单元	课程内容	培训建议	课堂学时
2. 诊断修理	2-2 自动扶梯设备诊断修理	2-2-1 能对自动扶梯重复性故障进行分析并提出解决方案	（1）自动扶梯机械传动系统重复性故障的分析及其解决方案的提出 （2）自动扶梯电气控制与驱动系统重复性故障的分析及其解决方案的提出 （3）自动扶梯运行中重复性异常振动与噪声的分析及其解决方案的提出	（1）自动扶梯重复性故障的分析及其解决方案的提出	1）自动扶梯机械传动系统重复性故障的排除 ①跟踪分析与判断 ②解决方案的提出 2）自动扶梯电气控制与驱动系统重复性故障的排除 ①跟踪分析与判断 ②解决方案的提出 3）自动扶梯运行中重复性异常振动与噪声的排除 ①跟踪分析与判断 ②解决方案的提出	（1）方法：项目教学法、讲授法、实训（练习）法 （2）重点：自动扶梯重复性故障的分析与判断 （3）难点：自动扶梯重复性故障解决方案的提出	20
		2-2-2 能对自动扶梯偶发性故障进行跟踪分析并提出解决方案	（1）自动扶梯机械传动系统偶发性故障的跟踪分析及其解决方案的提出 （2）自动扶梯电气控制与驱动系统偶发性故障的跟踪分析及其解决方案的提出 （3）自动扶梯运行中偶发性异常振动与噪声的跟踪分析及其解决方案的提出	（2）自动扶梯偶发性故障的分析及其解决方案的提出	1）自动扶梯机械传动系统偶发性故障的排除 ①跟踪分析与判断 ②解决方案的提出 2）自动扶梯电气控制与驱动系统偶发性故障的排除 ①跟踪分析与判断 ②解决方案的提出 3）自动扶梯运行中偶发性异常振动与噪声的排除 ①跟踪分析与判断 ②解决方案的提出	（1）方法：项目教学法、讲授法、实训（练习）法 （2）重点：自动扶梯偶发性故障的分析与判断 （3）难点：自动扶梯偶发性故障解决方案的提出	16
		2-2-3 能编制自动扶梯重大修理的安全施工方案	（1）自动扶梯重大修理施工现场的安全管理 （2）自动扶梯重大修理安全施工方案的编制	（3）自动扶梯重大修理的安全管理与施工方案编制	1）自动扶梯重大修理施工现场的安全管理 ①现场安全计划 ②作业安全管理基本要求 ③拆除作业安全管理 ④吊装作业安全管理 ⑤临边的安全防护 ⑥环境的影响及施工区域周边的安全防护 ⑦施工过程的实时安全管理 2）自动扶梯重大修理安全施工方案的编制	（1）方法：项目教学法、讲授法、讨论法、实训（练习）法 （2）重点：重大修理安全施工方案的编制 （3）难点：安全施工方案的可操作性	12

续表

2.1.5 二级／技师职业技能培训要求				2.2.5 二级／技师职业技能培训课程规范			
职业功能模块（模块）	培训内容（课程）	技能目标	培训细目	学习单元	课程内容	培训建议	课堂学时
3．改造更新	3-1 曳引驱动乘客电梯改造更新	3-1-1 能编制曳引系统改造施工方案	（1）曳引系统改造中曳引主机选配方案的编制 （2）驱动装置选配方案的编制 （3）系统惯量校核方案的编制 （4）按系统要求计算曳引钢丝绳根数 （5）1∶1绕法曳引系数（轮绳摩擦系数、包角等）的校核 （6）2∶1绕法曳引系数（轮绳摩擦系数）的校核 （7）曳引系统改造后的现场型式试验 （8）曳引系统改造项目检验（自检）方案的编制	（1）曳引系统改造施工管理与方案编制	1）曳引系统改造施工方案的编制 ①曳引主机选配方案 ②驱动装置选配方案 ③系统惯量校核方案 ④曳引钢丝绳根数计算与校核方案 ⑤轮绳摩擦系数与包角校核方案 2）曳引系统改造施工管理 ①拆除作业管理 ②过程控制管理 ③吊装作业管理 ④实时安全管理 3）曳引系统改造后的现场型式试验要求 4）曳引系统改造项目检验（自检）方案的编制	（1）方法：项目教学法、讲授法、讨论法、实训（练习）法 （2）重点：曳引系统改造施工方案的编制 （3）难点：系统改造后现场型式试验与改造项目检验（自检）方案的编制	24
		3-1-2 能编制控制系统改造施工方案	（1）控制柜内线路与部件改造施工方案的编制 （2）控制柜内驱动装置改造施工方案的编制 （3）不同型号控制柜改造施工方案的编制 （4）控制系统改造项目检验（自检）方案的编制	（2）控制系统改造施工管理与方案编制	1）控制系统改造施工方案的编制 ①控制柜内线路与部件的兼容性配置要求 ②控制系统与外围各部件的兼容性配置要求 ③控制柜内线路与部件改造施工方案的编制 ④控制柜内驱动装置改造施工方案的编制 ⑤不同型号控制柜改造施工方案的编制 2）控制系统改造后的兼容性调试 3）控制系统改造项目检验（自检）方案的编制	（1）方法：项目教学法、讲授法、讨论法、实训（练习）法 （2）重点：控制系统改造施工方案的编制 （3）难点：控制系统改造项目检验（自检）方案的编制	20

续表

<table>
<tr><th colspan="4">2.1.5　二级 / 技师职业技能培训要求</th><th colspan="4">2.2.5　二级 / 技师职业技能培训课程规范</th></tr>
<tr><th>职业功能模块（模块）</th><th>培训内容（课程）</th><th>技能目标</th><th>培训细目</th><th>学习单元</th><th>课程内容</th><th>培训建议</th><th>课堂学时</th></tr>
<tr><td rowspan="6">3. 改造更新</td><td rowspan="6">3-1　曳引驱动乘客电梯改造更新</td><td rowspan="3">3-1-3　能编制加层改造施工方案</td><td rowspan="3">（1）电梯加层改造工程施工方案的编制
（2）电梯加层改造项目检验（自检）方案的编制</td><td rowspan="3">（3）加层改造施工管理与方案编制</td><td>1）电梯加层改造施工方案的编制</td><td rowspan="3">（1）方法：项目教学法、讲授法、讨论法、实训（练习）法
（2）重点：加层改造施工方案的编制
（3）难点：加层改造施工方案的可操作性</td><td rowspan="3">24</td></tr>
<tr><td>2）电梯加层改造施工管理
①拆除移位作业管理
②吊装作业管理
③井道平台要求
④质量计划与质量控制基本要求
⑤安全管理</td></tr>
<tr><td>3）电梯加层改造项目检验（自检）方案的编制</td></tr>
<tr><td rowspan="3">3-1-4　能编制悬挂比改造施工方案</td><td rowspan="3">（1）机房承重点移位的悬挂比改造施工方案编制
（2）曳引机组安装位置变化的悬挂比改造施工方案编制
（3）对重导轨移位的悬挂比改造施工方案编制
（4）加装轿顶轮、对重轮的悬挂比改造施工方案编制
（5）悬挂比改造后曳引力的校核与试验
（6）悬挂比改造项目检验（自检）方案的编制</td><td rowspan="3">（4）悬挂比改造施工管理与方案编制</td><td>1）悬挂比改造施工方案的编制
①机房承重点移位的改造施工方案
②曳引机组安装位置变化的改造施工方案
③对重导轨移位的改造施工方案
④拆装轿顶轮、对重轮的改造施工方案</td><td rowspan="3">（1）方法：项目教学法、讲授法、讨论法、实训（练习）法
（2）重点：悬挂比改造施工方案的编制
（3）难点：悬挂比改造施工方案的可操作性</td><td rowspan="3">22</td></tr>
<tr><td>2）悬挂比改造后曳引力的校核与试验</td></tr>
<tr><td>3）悬挂比改造项目检验（自检）方案的编制</td></tr>
</table>

续表

<table>
<tr><th colspan="4">2.1.5　二级 / 技师职业技能培训要求</th><th colspan="4">2.2.5　二级 / 技师职业技能培训课程规范</th></tr>
<tr><th>职业功能模块（模块）</th><th>培训内容（课程）</th><th>技能目标</th><th>培训细目</th><th>学习单元</th><th>课程内容</th><th>培训建议</th><th>课堂学时</th></tr>
<tr><td rowspan="6">3．改造更新</td><td rowspan="6">3–2　自动扶梯设备改造更新</td><td rowspan="3">3–2–1　能编制自动扶梯加装变频器施工方案</td><td rowspan="3">（1）加装变频器改变启停效果的施工方案编制
（2）加装变频器增加节能运行功能的施工方案编制
（3）加装出入口节能运行感应装置的施工方案编制
（4）加装变频器后各项功能与性能调试方案的编制
（5）加装变频器检验（自检）方案的编制</td><td rowspan="3">（1）加装变频器施工、调试和检验方案的编制</td><td>1）加装变频器施工方案的编制
①加装变频器改变启停效果的施工方案
②加装变频器增加节能运行功能的施工方案
③加装出入口节能运行感应装置的施工方案</td><td rowspan="3">（1）方法：项目教学法、讲授法、讨论法、实训（练习）法
（2）重点：加装变频器施工方案的编制
（3）难点：加装变频器后各项功能与性能调试方案的编制</td><td rowspan="3">16</td></tr>
<tr><td>2）加装变频器后各项功能与性能调试方案的编制</td></tr>
<tr><td>3）加装变频器检验（自检）方案的编制</td></tr>
<tr><td rowspan="3">3–2–2　能编制自动扶梯控制系统改造施工方案</td><td rowspan="3">（1）控制线路与主要部件改造施工方案的编制
（2）加装安全装置增加安全功能的施工方案编制
（3）加装故障监测与显示装置的施工方案的编制
（4）不同型号控制系统改造施工方案的编制
（5）控制系统改造后各项功能与性能调试方案的编制
（6）控制系统改造项目检验（自检）方案的编制</td><td rowspan="3">（2）控制系统改造施工、调试和检验方案的编制</td><td>1）控制系统改造施工方案的编制
①控制线路与主要部件的改造施工方案
②加装安全装置增加安全功能的施工方案
③加装故障监测与显示装置的施工方案
④不同型号控制系统改造施工方案的编制</td><td rowspan="3">（1）方法：项目教学法、讲授法、讨论法、实训（练习）法
（2）重点：控制系统改造施工方案的编制
（3）难点：改造后功能与性能的调试</td><td rowspan="3">20</td></tr>
<tr><td>2）控制系统改造后各项功能与性能调试方案的编制</td></tr>
<tr><td>3）控制系统改造项目检验（自检）方案的编制</td></tr>
</table>

续表

2.1.5　二级 / 技师职业技能培训要求				2.2.5　二级 / 技师职业技能培训课程规范			
职业功能模块（模块）	培训内容（课程）	技能目标	培训细目	学习单元	课程内容	培训建议	课堂学时
4．培训管理	4-1　培训指导	4-1-1　能对三级 / 高级及以下级别人员进行基础理论知识、专业技术理论知识的培训	（1）基础理论知识和专业技术理论知识培训方案的编制 （2）基础理论知识和专业技术理论知识的培训要素	（1）三级 / 高级及以下级别人员基础理论知识与专业技术理论知识的培训	1）基础理论知识与专业技术理论知识培训方案的编制 ①五级 / 初级培训方案的编制 ②四级 / 中级培训方案的编制 ③三级 / 高级培训方案的编制 2）基础理论知识与专业技术理论知识的培训要素 ①五级 / 初级的培训要素 ②四级 / 中级的培训要素 ③三级 / 高级的培训要素	（1）方法：讲授法、实训（练习）法 （2）重点：培训方案的编制 （3）难点：培训方案的有效性	16
		4-1-2　能对三级 / 高级及以下级别人员进行技能操作培训	（1）技能操作培训方案的编制 （2）技能操作的培训要素	（2）三级 / 高级及以下级别人员技能操作的培训	1）技能操作培训方案的编制 ①五级 / 初级培训方案的编制 ②四级 / 中级培训方案的编制 ③三级 / 高级培训方案的编制 2）技能操作的培训要素 ①五级 / 初级的培训要素 ②四级 / 中级的培训要素 ③三级 / 高级的培训要素	（1）方法：讲授法、实训（练习）法 （2）重点：培训方案的编制 （3）难点：培训方案的有效性	16

续表

2.1.5　二级 / 技师职业技能培训要求				2.2.5　二级 / 技师职业技能培训课程规范			
职业功能模块（模块）	培训内容（课程）	技能目标	培训细目	学习单元	课程内容	培训建议	课堂学时
4. 培训管理	4-1　培训指导	4-1-3　能指导三级/高级及以下级别人员查找并使用相关技术手册	（1）指导三级/高级及以下级别人员查找和使用相关技术手册 （2）指导三级/高级及以下级别人员根据现场实际情况对照使用相关技术手册	（3）三级/高级及以下级别人员查找和使用相关技术手册的指导	1）查找和使用相关技术手册的指导 ①五级/初级的指导 ②四级/中级的指导 ③三级/高级的指导 2）根据现场实际情况对照使用相关技术手册的指导 ①五级/初级的指导 ②四级/中级的指导 ③三级/高级的指导	（1）方法：讲授法、实训（练习）法 （2）重点：查找技术手册的指导 （3）难点：技术手册的正确使用	8
	4-2　技术管理	4-2-1　能撰写电梯安装维修技术报告	（1）电梯安装技术报告的撰写 （2）电梯维修技术报告的撰写	（1）电梯安装维修技术报告的撰写	1）电梯安装技术报告的撰写 2）电梯维修技术报告的撰写	（1）方法：讲授法、讨论法、实训（练习）法 （2）重点：安装维修技术报告的撰写 （3）难点：报告撰写经验的总结	8
		4-2-2　能对三级/高级及以下级别人员进行技术指导	（1）理论分析的指导 （2）实践操作的指导	（2）三级/高级及以下级别人员的技术指导	1）理论分析的指导 ①五级/初级的指导 ②四级/中级的指导 ③三级/高级的指导 2）实践操作的指导 ①五级/初级的指导 ②四级/中级的指导 ③三级/高级的指导	（1）方法：讲授法、实训（练习）法 （2）重点：对三级/高级及以下级别人员按需进行技术指导 （3）难点：通过实践操作指导使学员掌握相应技能	16
		4-2-3　能总结本级别专业技术，向三级/高级及以下级别人员推广技术成果	（1）进行二级/技师级别的专业技术总结 （2）对三级/高级及以下级别人员进行技术成果的总结与推广	（3）技术总结与技术成果推广	1）二级/技师级别专业技术总结报告的撰写 2）技术成果的总结与推广 ①五级/初级技术成果的总结与推广 ②四级/中级技术成果的总结与推广 ③三级/高级技术成果的总结与推广	（1）方法：讲授法、讨论法、实训（练习）法 （2）重点：二级/技师级别的专业技术总结 （3）难点：技术成果的总结与推广	8
课堂学时合计							388

附录 6　一级 / 高级技师职业技能培训要求与课程规范对照表

2.1.6　一级 / 高级技师职业技能培训要求				2.2.6　一级 / 高级技师职业技能培训课程规范			
职业功能模块（模块）	培训内容（课程）	技能目标	培训细目	学习单元	课程内容	培训建议	课堂学时
1. 安装调试	1-1　曳引驱动乘客电梯安装调试	1-1-1　能调试电梯启停、运行舒适感，并分析、排除影响舒适感的因素	（1）电梯启停、运行舒适感关联因素的分析 （2）控制系统启停、运行功能与性能的调试 （3）驱动系统启停、运行功能与性能的调试 （4）启停瞬间凸起与倒拉状态的消除 （5）电梯启停、运行舒适感调试方案的编制 （6）超高速电梯运动部件与固定部件气动效应的改善	（1）影响电梯启停、运行舒适感关联因素的分析与排除	1）电梯启停、运行舒适感关联因素的检查与调试方法 ①称重装置的检查与调试方法 ②曳引钢丝绳张力的检查与调试方法 ③轿厢导轨垂直度、间距、接口直线度的检查与调试方法	（1）方法：项目教学法、讲授法、演示法、实训（练习）法 （2）重点：影响电梯启停、运行舒适感关联因素的分析与排除	10
					2）系统功能与性能的调试及参数的设置与调整 ①控制系统启停、运行功能与性能的调试方法 ②驱动系统启停、运行功能与性能的调试方法 ③制动器开闸与闭合时间参数的设置与调整方法 ④凸起与倒拉状态的消除方法		
					3）电梯启停、运行舒适感关联因素的总结与分析		
					4）电梯启停、运行舒适感调试方案的编制		
					5）超高速电梯的相关特定要求 ①井道的通风设置 ②井道的风洞效应 ③电梯运行时井道内气流分布与循环 ④机 - 电主动滚轮导靴要求		

续表

<table>
<tr><th colspan="4">2.1.6　一级 / 高级技师职业技能培训要求</th><th colspan="4">2.2.6　一级 / 高级技师职业技能培训课程规范</th></tr>
<tr><th>职业功能模块（模块）</th><th>培训内容（课程）</th><th>技能目标</th><th>培训细目</th><th>学习单元</th><th>课程内容</th><th>培训建议</th><th>课堂学时</th></tr>
<tr><td rowspan="4">1. 安装调试</td><td rowspan="4">1-1　曳引驱动乘客电梯安装调试</td><td rowspan="4">1-1-2　能分析建筑物引起导轨弯曲的原因，并编制解决方案</td><td rowspan="4">(1) 建筑物与外部原因引起导轨弯曲变形的原因分析
(2) 安装工艺或安装质量引起导轨弯曲变形的原因分析
(3) 电梯导轨弯曲变形的校正和导轨内应力的消除
(4) 在用电梯导轨校正方案的编制</td><td rowspan="2">(2) 导轨弯曲变形的原因分析与处理</td><td>1) 导轨弯曲变形的原因分析
①安装工艺
②安装质量
③建筑物变化
④导轨内应力无法释放</td><td rowspan="2">(1) 方法：项目教学法、讲授法、观摩法、实训（练习）法
(2) 重点：导轨弯曲变形的原因分析
(3) 难点：导轨弯曲变形的校正和内应力的消除</td><td rowspan="2">8</td></tr>
<tr><td>2) 导轨的校正
①安装前整根导轨直线度超差的校正方法
②安装前整根导轨扭曲度超差的校正方法
③导轨直线度、扭曲度超差无法校正的处理方法
④导轨内应力的释放方法</td></tr>
<tr><td rowspan="2">(3) 在用电梯导轨的校正</td><td>1) 在用电梯导轨校正的方案编制
①保留层门装修且轿厢与各层门位置不变的校正方案
②已装导轨弯曲段与扭曲段的校正方案
③接导板弯曲或强度不够的校正方案</td><td rowspan="2">(1) 方法：项目教学法、讲授法、观摩法、实训（练习）法
(2) 重点：保留层门装修且轿厢与各层门位置不变的校正方案编制
(3) 难点：井道内导轨应力的释放和扭曲段的校正</td><td rowspan="2">8</td></tr>
<tr><td>2) 在用电梯导轨校正的特制工装
①导轨校正的特制样板架工装
②与样板架工装配套的校导工装样板尺
③井道内导轨弯曲校正的特制工装
④井道内导轨扭曲校正的特制工装</td></tr>
</table>

续表

2.1.6 一级/高级技师职业技能培训要求				2.2.6 一级/高级技师职业技能培训课程规范			
职业功能模块（模块）	培训内容（课程）	技能目标	培训细目	学习单元	课程内容	培训建议	课堂学时
1. 安装调试	1-2 自动扶梯设备安装调试	1-2-1 能安装、调试采用新技术、新材料、新工艺生产的自动扶梯与自动人行道	（1）螺旋形自动扶梯的安装与调试 （2）出入口可变速自动扶梯的安装与调试 （3）出入口可变速自动人行道的安装与调试 （4）车载移动式自动扶梯的安装与调试 （5）薄型平铺大载量自动人行道的安装与调试 （6）多水平段大提升高度自动扶梯的安装与调试 （7）桁架结构与二力杆构件的受力分析	（1）采用新技术、新材料、新工艺生产的自动扶梯和自动人行道的安装与调试	1）螺旋形自动扶梯的安装与调试 ①原理与构造 ②安装与调试方法	（1）方法：讲授法、观摩法、参观法 （2）重点：采用新技术、新材料、新工艺生产的自动扶梯和自动人行道的安装与调试 （3）难点：新技术、新材料、新工艺产品的原理	16
					2）出入口可变速自动扶梯的安装与调试 ①原理与构造 ②安装与调试方法		
					3）出入口可变速自动人行道的安装与调试 ①原理与构造 ②安装与调试方法		
					4）车载可移动式自动扶梯的安装与调试 ①原理与构造 ②安装与调试方法		
					5）薄型平铺大载量自动人行道的安装与调试 ①原理与构造 ②安装与调试方法		
					6）多水平段大提升高度自动扶梯的安装与调试 ①原理与构造 ②安装与调试方法		
					7）多级驱动超大提升高度自动扶梯的安装与调试 ①原理与构造 ②安装与调试方法		
					8）室外型自动扶梯与自动人行道（对气候条件）的设计要求		
					9）自动扶梯与自动人行道的桁架结构与二力杆构件的受力分析		
					10）端部链驱动大提升高度自动扶梯（高强度梯级链滚轮外置）的安装与调试 ①原理与构造 ②安装与调试方法		

续表

2.1.6 一级/高级技师职业技能培训要求				2.2.6 一级/高级技师职业技能培训课程规范			
职业功能模块（模块）	培训内容（课程）	技能目标	培训细目	学习单元	课程内容	培训建议	课堂学时
1. 安装调试	1-2 自动扶梯设备安装调试	1-2-2 能编制大跨度自动扶梯安装调试方案	（1）大跨度自动扶梯安装工程施工方案的编制 （2）大跨度自动扶梯安装工程质量计划的编制 （3）大跨度自动扶梯安装工程施工安全管理方案的编制 （4）大跨度自动扶梯安装工程调试方案的编制 （5）大跨度自动扶梯安装工程过程检验和完工终检（自检）方案的编制	（2）大跨度自动扶梯安装调试	1）安装前现场勘查与测量 ①安装前土建尺寸和各支撑点的测量与校核方法 ②卸装与吊装方法 2）现场吊装与运送 ①起吊点的选择与确定 ②道路运送路径的选择 ③复杂情况模拟运送方案的编制 3）安装工程施工与管理方案的编制 ①施工方案的编制 ②质量计划的编制 ③过程控制与质量管理方案的编制 ④施工安全管理方案的编制 4）现场调试 ①分段或多段桁架的拼接与校正 ②分段或多段桁架拼接后梯路导轨的检查与校正 ③调试方案的编制 5）大跨度自动扶梯安装工程过程检验和完工终检（自检）方案的编制	（1）方法：项目教学法、讲授法、实训（练习）法 （2）重点：大跨度自动扶梯安装与调试方案的编制 （3）难点：质量计划与施工安全管理方案的编制	8

续表

2.1.6 一级 / 高级技师职业技能培训要求				2.2.6 一级 / 高级技师职业技能培训课程规范			
职业功能模块（模块）	培训内容（课程）	技能目标	培训细目	学习单元	课程内容	培训建议	课堂学时
2. 诊断修理	2-1 曳引驱动乘客电梯诊断修理	2-1-1 能对电梯的故障数量和故障原因进行统计分析，提出降低故障率的改进方案	（1）电梯重复性故障的统计分析 （2）电梯偶发性故障的统计分析 （3）降低电梯故障率改进方案的提出	（1）电梯故障的统计分析及降低故障率改进方案的提出	1）运用统计学理论进行电梯故障的统计分析 2）电梯故障类型、数量和原因的统计分析 ①电磁兼容性引起的故障 ②操作时序引起的故障 ③系统软件引起的运行不稳定故障 ④机械故障 ⑤电气故障 ⑥重要部件修理（更换）工艺不符引起的故障 ⑦微机控制系统引起的电梯应答与群控调配异常故障 ⑧故障数量、原因与重大危险源清单 ⑨整机与部件的风险评估与判废 3）针对电梯重复性故障类型、数量、原因提出降低故障率的改进方案 4）针对电梯偶发性故障类型、数量、原因提出降低故障率的改进方案	（1）方法：项目教学法、讲授法、实训（练习）法 （2）重点：电梯故障数量和故障原因的统计分析 （3）难点：针对电梯故障数量和故障原因提出降低故障率的改进方案	28

续表

2.1.6　一级 / 高级技师职业技能培训要求				2.2.6　一级 / 高级技师职业技能培训课程规范			
职业功能模块（模块）	培训内容（课程）	技能目标	培训细目	学习单元	课程内容	培训建议	课堂学时
2. 诊断修理	2-1　曳引驱动乘客电梯诊断修理	2-1-2　能运用新技术、新工艺、新材料改进电梯部件结构形式，降低失效风险	（1）新一代微机控制系统的结构特点和有效性分析 （2）新一代变频驱动系统的结构特点和有效性分析 （3）新一代永磁同步无齿轮曳引驱动系统的结构特点和有效性分析 （4）新一代永磁同步电动机的结构特点和有效性分析 （5）盘式制动器的结构特点和有效性分析 （6）曳引钢带的结构特点和有效性分析 （7）目的层站控制电梯系统的结构特点和有效性分析 （8）双子电梯系统的结构特点和有效性分析 （9）变速电梯系统的结构特点和有效性分析	（2）运用新技术、新工艺、新材料改进电梯部件结构形式以降低失效风险	1）运用新技术、新工艺、新材料的电梯系统或设备的结构特点和有效性分析 ①新一代微机控制系统 ②新一代变频驱动系统 ③新一代永磁同步无齿轮曳引驱动系统 ④新一代永磁同步电动机 ⑤盘式制动器 ⑥曳引钢带 2）运用新技术、新工艺、新材料的电梯整机系统的特点和有效性分析 ①目的层站控制电梯系统 ②双子电梯系统 ③变速电梯系统	（1）方法：项目教学法、讲授法、演示法、观摩法、参观法、实训（练习）法 （2）重点：运用新技术、新工艺、新材料改进电梯部件的结构形式 （3）难点：运用新技术、新工艺、新材料电梯部件的有效性分析	20

续表

2.1.6 一级/高级技师职业技能培训要求				2.2.6 一级/高级技师职业技能培训课程规范			
职业功能模块（模块）	培训内容（课程）	技能目标	培训细目	学习单元	课程内容	培训建议	课堂学时
2. 诊断修理	2-1 曳引驱动乘客电梯诊断修理	2-1-3 能设计专用工具或设备提高电梯诊断、修理效率	（1）电梯诊断修理专用工具或设备的设计 （2）采用专用工具提高电梯诊断、修理效率	（3）专用工具或设备的设计与应用	1）电梯诊断修理专用工具或设备的设计 ①微机控制系统故障诊断调试仪 ②变频驱动系统故障诊断调试仪 2）采用专用工具提高电梯诊断、修理效率 ①电梯导轨校正的专用工装与夹具 ②电梯导轨校正的专用校导尺 ③曳引钢丝绳张力测试设备 ④无齿轮曳引机维修拆卸工装 ⑤内置式制动器维修拆卸工装	（1）方法：讲授法、演示法、观摩法、实训（练习）法 （2）重点：使用专用工具或设备提高电梯诊断、修理效率 （3）难点：专用工具或设备的设计	16
	2-2 自动扶梯诊断修理	2-2-1 能对自动扶梯的故障数量和故障原因进行统计分析，提出降低故障率的改进方案	（1）自动扶梯重复性故障原因的统计与分析 （2）自动扶梯偶发性故障原因的统计与分析 （3）降低自动扶梯故障率改进方案的提出	（1）自动扶梯故障的统计分析及降低故障率改进方案的提出	1）运用统计学理论进行自动扶梯故障的统计分析 2）自动扶梯故障类型、数量和原因的统计分析 ①操作时序引起的故障 ②系统软件引起的故障 ③电气故障 ④机械故障 ⑤重要部件修理（更换）工艺不符引起的故障 ⑥故障数量、原因与重大危险清单 ⑦整机与部件的风险评估与判废 3）针对自动扶梯重复性故障类型、数量、原因提出降低故障率的改进方案 4）针对自动扶梯偶发性故障类型、数量、原因提出降低故障率的改进方案	（1）方法：项目教学法、讲授法、实训（练习）法 （2）重点：自动扶梯故障数量和故障原因的统计分析 （3）难点：针对自动扶梯故障数量和故障原因提出降低故障率的改进方案	20

续表

2.1.6　一级 / 高级技师职业技能培训要求				2.2.6　一级 / 高级技师职业技能培训课程规范			
职业功能模块（模块）	培训内容（课程）	技能目标	培训细目	学习单元	课程内容	培训建议	课堂学时
2. 诊断修理	2-2　自动扶梯诊断修理	2-2-2　能运用新技术、新工艺、新材料改进自动扶梯部件结构形式，降低失效风险	（1）新型高效驱动主机的结构特点和有效性分析 （2）电动机高速端超大惯量飞轮改善启停、运行、变载平稳性的功效分析 （3）新型辅助制动器、附加制动器的结构特点和有效性分析 （4）超大提升高度端部驱动自动扶梯的高强度梯级链（梯级滚轮外置）的结构特点和有效性分析 （5）新型不锈钢组合材料梯级的结构特点和有效性分析 （6）新型高分子材料梯级（彩色非金属）的结构特点和有效性分析	（2）运用新技术、新工艺、新材料改进自动扶梯部件结构形式以降低失效风险	1）运用新技术、新工艺的自动扶梯部件结构特点和有效性分析 ①新型高效驱动主机 ②电动机高速端超大惯量飞轮 ③新型辅助制动器、附加制动器 ④超大提升高度端部驱动自动扶梯的高强度梯级链（梯级滚轮外置） 2）运用新材料的自动扶梯部件结构特点和有效性分析 ①新型不锈钢组合材料梯级 ②新型高分子材料梯级（彩色非金属）	（1）方法：项目教学法、讲授法、演示法、观摩法、实训（练习）法 （2）重点：运用新技术、新工艺、新材料改进部件的结构形式 （3）难点：运用新技术、新工艺、新材料改进部件结构形式的有效性分析	16
		2-2-3　能设计专用工具或设备提高自动扶梯诊断、修理效率	（1）自动扶梯诊断修理专用工具或设备的设计 （2）采用专用工具提高自动扶梯诊断、修理效率	（3）专用工具或设备的设计与应用	1）自动扶梯诊断修理专用工具或设备的设计 ①微机控制系统故障诊断调试仪 ②速度控制系统故障诊断仪 2）采用专用工具提高自动扶梯诊断、修理效率 ①梯级链更换专用工具 ②扶手带更换与修补专用工具 ③驱动主轴与链轮更换专用工具 ④梯路校正专用工具 ⑤附加制动器检查调整专用工具	（1）方法：项目教学法、讲授法、演示法、观摩法、实训（练习）法 （2）重点：使用专用工具或设备提高诊断、修理效率 （3）难点：专用工具或设备的设计	10

续表

2.1.6 一级 / 高级技师职业技能培训要求				2.2.6 一级 / 高级技师职业技能培训课程规范			
职业功能模块（模块）	培训内容（课程）	技能目标	培训细目	学习单元	课程内容	培训建议	课堂学时
3. 改造更新	3-1 曳引驱动乘客电梯改造更新	3-1-1 能进行整机改造更新设计、计算	（1）主要部件和安全保护装置的选型 （2）改造前后技术参数对比 （3）保留层门装修改造更新的设计、计算 （4）不保留层门装修改造更新的设计、计算 （5）保留机房承重梁改造更新的设计、计算	（1）电梯整机改造更新	1）电梯整机改造更新的相关知识 ①改造更新工程的设计方法 ②涉及的有关图样 ③主要部件和制动器、限速器、安全钳、缓冲器、轿厢上行超速保护装置等安全保护装置的选型 ④改造前后技术参数对比 ⑤电梯系统变化对机房承重、井道土建要求的影响及相关检查与校验	（1）方法：项目教学法、讲授法、演示法、观摩法、讨论法、实训（练习）法 （2）重点：整机改造更新项目的设计 （3）难点：整机改造更新项目的复核与计算	32
					2）电梯整机改造更新的设计、计算 ①保留层门装修的改造更新 ②不保留层门装修的改造更新 ③保留机房承重梁的改造更新 ④改变曳引比的改造更新 ⑤加层工程		

续表

2.1.6　一级 / 高级技师职业技能培训要求				2.2.6　一级 / 高级技师职业技能培训课程规范			
职业功能模块（模块）	培训内容（课程）	技能目标	培训细目	学习单元	课程内容	培训建议	课堂学时
3．改造更新	3-1　曳引驱动乘客电梯改造更新	3-1-2　能进行部件改造更新设计、计算	（1）电梯部件改造更新的设计、计算 （2）改造工程中各部件的兼容性设计	（2）电梯部件改造更新	1）电梯部件改造更新的设计、计算 ①更换曳引机 ②更换控制柜 ③更换所有电气、呼梯系统 ④更换轿厢与门机、轿门 ⑤更换层门系统 ⑥更换限速器、安全钳、缓冲器、门锁钩及加装夹绳器等安全部件 ⑦重新布置导轨 ⑧改造前后各部件配置和技术参数对比	（1）方法：项目教学法、讲授法、演示法、观摩法、讨论法、实训（练习）法 （2）重点：电梯部件改造更新的设计、计算 （3）难点：改造工程中部件维修与部分置换的风险评估	40
					2）主要部件与安全部件改造置换原则		
					3）部件的兼容性要求		
	3-2　自动扶梯设备改造更新	3-2-1　能编制保留桁架的自动扶梯机械系统整体改造更新方案	（1）保留桁架的改造更新方案的编制 （2）改造后的检验（自检）与试验	（1）保留桁架的自动扶梯机械系统整体改造更新方案编制与工程管理	1）保留桁架的自动扶梯机械系统整体改造更新方案的编制 ①改造更新的总体要求 ②置换的设计与计算 ③主要部件的置换配置 ④安全装置的置换配置与选型 ⑤技术参数与功能、性能的合规性分析 ⑥桁架的维护、防腐与加固设计	（1）方法：讲授法、演示法、观摩法、讨论法、实训（练习）法 （2）重点：保留桁架的自动扶梯改造更新方案的编制 （3）难点：改造更新项目的设计、计算及完工自检与试验	32
					2）改造更新工程的管理 ①施工方案 ②质量计划 ③安全管理 ④质量控制 ⑤过程检验 ⑥完工自检与试验		

续表

2.1.6 一级/高级技师职业技能培训要求				2.2.6 一级/高级技师职业技能培训课程规范			
职业功能模块（模块）	培训内容（课程）	技能目标	培训细目	学习单元	课程内容	培训建议	课堂学时
3. 改造更新	3-2 自动扶梯设备改造更新	3-2-2 能编制拆除室内自动扶梯并更新的改造方案	（1）室内自动扶梯拆除更新的改造方案编制 （2）现场拆除吊点的选择与确定 （3）拆除后运送路径的选择 （4）现场路面和装修的保护 （5）采用简易的缩小模型对建筑物复杂路径进行运送校核	（2）室内自动扶梯拆除更新的方案编制与工程管理	1）室内自动扶梯拆除更新的方案编制 ①现场拆除吊点的选择与确定 ②卸装与吊装设计 ③起吊点的选择 ④道路运送路径的选择 ⑤现场路面和装修的保护方案 ⑥复杂路径的模拟运送 2）改造更新工程的管理 ①施工方案 ②质量计划 ③安全管理 ④质量控制 ⑤过程检验 ⑥完工自检与试验	（1）方法：讲授法、演示法、观摩法、讨论法、实训（练习）法 （2）重点：室内自动扶梯拆除更新的改造方案编制 （3）难点：吊装阶段的实时安全管理与控制	16
4. 培训管理	4-1 培训指导	4-1-1 能对二级/技师及以下级别人员进行基础理论知识、专业技术理论知识培训	（1）基础理论知识和专业技术理论知识培训方案的编制 （2）基础理论知识和专业技术理论知识的培训要素	（1）二级/技师基础理论知识、专业技术理论知识的培训	1）二级/技师基础理论知识和专业技术理论知识培训方案的编制 2）二级/技师基础理论知识和专业技术理论知识的培训要素	（1）方法：讲授法、实训（练习）法 （2）重点：培训方案的编制 （3）难点：培训方案的有效性	16
		4-1-2 能对二级/技师及以下级别人员进行技能操作培训	（1）技能操作培训方案的编制 （2）技能操作的培训要素	（2）二级/技师技能操作的培训	1）二级/技师技能操作培训方案的编制 2）二级/技师技能操作的培训要素	（1）方法：讲授法、实训（练习）法 （2）重点：培训方案的编制 （3）难点：培训方案的有效性	16
		4-1-3 能指导二级/技师及以下级别人员撰写技术论文	（1）撰写技术论文的要点与课题的选择 （2）技术论文撰写指导方案的编制	（3）二级/技师及以下级别人员撰写技术论文的指导	1）技术论文的撰写要点和课题选择 2）技术论文撰写指导方案的编制	（1）方法：讲授法、实训（练习）法 （2）重点：二级/技师及以下级别人员技术论文的撰写指导 （3）难点：结合实际指导撰写高质量的技术论文	16

续表

2.1.6　一级 / 高级技师职业技能培训要求				2.2.6　一级 / 高级技师职业技能培训课程规范			
职业功能模块（模块）	培训内容（课程）	技能目标	培训细目	学习单元	课程内容	培训建议	课堂学时
4. 培训管理	4-1　培训指导	4-1-4　能进行技术革新，解决技术难题	（1）技术革新 （2）技术难题的解决	（4）技术革新及技术难题的解决	1）技术革新 ①电梯安装工艺、方法的技术革新 ②电梯改造更新工艺、方法的技术革新 ③电梯日常维护保养工艺、方法的技术革新 ④自动扶梯安装工艺、方法的技术革新 ⑤自动扶梯改造更新工艺、方法的技术革新 ⑥自动扶梯重大修理工艺、方法的技术革新 ⑦自动扶梯日常维护保养工艺、方法的技术革新 2）技术难题的解决 ①电梯安装技术难题的解决 ②电梯改造更新技术难题的解决 ③电梯重大修理技术难题的解决 ④电梯日常维护保养技术难题的解决 ⑤自动扶梯安装技术难题的解决 ⑥自动扶梯改造更新技术难题的解决 ⑦自动扶梯重大修理技术难题的解决 ⑧自动扶梯日常维护保养技术难题的解决	（1）方法：讲授法、讨论法、实训（练习）法 （2）重点：进行技术革新 （3）难点：通过技术创新解决技术难题	16

续表

2.1.6 一级 / 高级技师职业技能培训要求				2.2.6 一级 / 高级技师职业技能培训课程规范			
职业功能模块（模块）	培训内容（课程）	技能目标	培训细目	学习单元	课程内容	培训建议	课堂学时
4. 培训管理	4-2 技术管理	4-2-1 能对二级 / 技师及以下级别人员进行技术指导	(1) 理论分析的指导 (2) 实践操作的指导	(1) 二级 / 技师的技术指导	1) 二级 / 技师理论分析的指导 2) 二级 / 技师实践操作的指导	(1) 方法：讲授法、实训（练习）法 (2) 重点：对二级 / 技师按需进行技术指导 (3) 难点：通过实践操作性指导使学员掌握相应技能	12
		4-2-2 能推广与应用新技术、新工艺	(1) 电梯新技术、新工艺的推广与应用 (2) 自动扶梯新技术、新工艺的推广与应用	(2) 新技术、新工艺的推广与应用	1) 电梯新技术、新工艺的推广与应用 ①电梯安装新技术、新工艺的推广与应用 ②电梯改造更新新技术、新工艺的推广与应用 ③电梯重大修理新技术、新工艺的推广与应用 ④电梯日常维护保养新技术、新工艺的推广与应用 2) 自动扶梯新技术、新工艺的推广与应用 ①自动扶梯安装新技术、新工艺的推广与应用 ②自动扶梯改造更新新技术、新工艺的推广与应用 ③自动扶梯重大修理新技术、新工艺的推广与应用 ④自动扶梯日常维护保养新技术、新工艺的推广与应用	(1) 方法：讲授法、讨论法、实训（练习）法 (2) 重点：新技术、新工艺的推广 (3) 难点：新技术、新工艺的应用	8

续表

2.1.6　一级/高级技师职业技能培训要求				2.2.6　一级/高级技师职业技能培训课程规范			
职业功能模块（模块）	培训内容（课程）	技能目标	培训细目	学习单元	课程内容	培训建议	课堂学时
4．培训管理	4-2　技术管理	4-2-3　能总结本职业先进高效的安装工艺、维修技术等技术成果并编写技术报告	（1）总结先进高效的安装工艺成果和维修技术成果 （2）撰写先进高效的安装工艺成果报告和维修技术成果报告	（3）总结本职业先进高效的安装工艺、维修技术等技术成果并编写技术报告	1）先进高效的安装工艺成果总结与技术报告编写 ①先进高效的电梯安装工艺成果总结与技术报告编写 ②先进高效的自动扶梯安装工艺成果总结与技术报告编写 2）先进高效的维修技术成果总结与技术报告编写 ①先进高效的电梯重大修理技术成果总结与技术报告编写 ②先进高效的电梯日常维护保养技术成果总结与技术报告编写 ③先进高效的自动扶梯重大修理技术成果总结与技术报告编写 ④先进高效的自动扶梯日常维护保养技术成果总结与技术报告编写	（1）方法：讲授法、讨论法、实训（练习）法 （2）重点：总结本职业先进高效的安装工艺与维修技术成果 （3）难点：撰写先进高效的安装工艺、维修技术成果报告	16
课堂学时合计							380